U0264026

21世纪普通高校计算机公共课程规划教材

数据库案例开发教程（Visual FoxPro）实验指导

刘志凯 白玲 陈井霞 王丽铭 编著

清华大学出版社
北京

内容简介

本书是与《数据库案例开发教程(Visual FoxPro)》配套的实验教材，主要包括三方面的内容：上机实验指导、教材习题解析及参考答案和模拟测试题、全国计算机等级考试(二级)试题及参考答案。上机实验指导是为了方便读者上机操作而编写的，实验内容与教材实训任务紧密配合，通过针对性的上机实验，帮助读者更好地完成教材实训任务——销售管理系统。教材习题解析可以帮助读者更好地理解理论知识，并对分析问题、解决问题的能力进行指导和训练。模拟测试题、全国计算机等级考试(二级)试题部分可以作为学生课后自测，也可以作为学生参加计算机等级考试的辅导材料。

图书在版编目(CIP)数据

数据库案例开发教程(Visual FoxPro)实验指导/刘志凯等编著.—北京：清华大学出版社，2013
21世纪普通高校计算机公共课程规划教材
ISBN 978-7-302-34098-0

Ⅰ.①数… Ⅱ.①刘… Ⅲ.①关系数据库系统－程序设计－高等学校－教学参考资料
Ⅳ.①TP311.138

中国版本图书馆CIP数据核字(2013)第240306号

责任编辑：郑寅堃 王冰飞
封面设计：常雪影
责任校对：白 蕾
责任印制：宋 林

出版发行：清华大学出版社
网 址：http://www.tup.com.cn，http://www.wqbook.com
地 址：北京清华大学学研大厦A座 邮 编：100084
社 总 机：010-62770175 邮 购：010-62786544
投稿与读者服务：010-62776969，c-service@tup.tsinghua.edu.cn
质 量 反 馈：010-62772015，zhiliang@tup.tsinghua.edu.cn
课 件 下 载：http://www.tup.com.cn，010-62795954
印 装 者：北京鑫海金澳胶印有限公司
经 销：全国新华书店
开 本：185mm×260mm 印 张：10.75 字 数：259千字
版 次：2013年12月第1版 印 次：2013年12月第1次印刷
印 数：1～2000
定 价：22.00元

产品编号：056446-01

出版说明

随着我国改革开放的进一步深化，高等教育也得到了快速发展，各地高校紧密结合地方经济建设发展需要，科学运用市场调节机制，加大了使用信息科学等现代科学技术提升、改造传统学科专业的投入力度，通过教育改革合理调整和配置了教育资源，优化了传统学科专业，积极为地方经济建设输送人才，为我国经济社会的快速、健康和可持续发展以及高等教育自身的改革发展做出了巨大贡献。但是，高等教育质量还需要进一步提高以适应经济社会发展的需要，不少高校的专业设置和结构不尽合理，教师队伍整体素质亟待提高，人才培养模式、教学内容和方法需要进一步转变，学生的实践能力和创新精神亟待加强。

教育部一直十分重视高等教育质量工作。2007 年 1 月，教育部下发了《关于实施高等学校本科教学质量与教学改革工程的意见》，计划实施"高等学校本科教学质量与教学改革工程（简称'质量工程'）"，通过专业结构调整、课程教材建设、实践教学改革、教学团队建设等多项内容，进一步深化高等学校教学改革，提高人才培养的能力和水平，更好地满足经济社会发展对高素质人才的需要。在贯彻和落实教育部"质量工程"的过程中，各地高校发挥师资力量强、办学经验丰富、教学资源充裕等优势，对其特色专业及特色课程（群）加以规划、整理和总结，更新教学内容、改革课程体系，建设了一大批内容新、体系新、方法新、手段新的特色课程。在此基础上，经教育部相关教学指导委员会专家的指导和建议，清华大学出版社在多个领域精选各高校的特色课程，分别规划出版系列教材，以配合"质量工程"的实施，满足各高校教学质量和教学改革的需要。

本系列教材立足于计算机公共课程领域，以公共基础课为主、专业基础课为辅，横向满足高校多层次教学的需要。在规划过程中体现了如下一些基本原则和特点。

（1）面向多层次、多学科专业，强调计算机在各专业中的应用。教材内容坚持基本理论适度，反映各层次对基本理论和原理的需求，同时加强实践和应用环节。

（2）反映教学需要，促进教学发展。教材要适应多样化的教学需要，正确把握教学内容和课程体系的改革方向，在选择教材内容和编写体系时注意体现素质教育、创新能力与实践能力的培养，为学生知识、能力、素质协调发展创造条件。

（3）实施精品战略，突出重点，保证质量。规划教材把重点放在公共基础课和专业基础课的教材建设上；特别注意选择并安排一部分原来基础比较好的优秀教材或讲义修订再版，逐步形成精品教材；提倡并鼓励编写体现教学质量和教学改革成果的教材。

（4）主张一纲多本，合理配套。基础课和专业基础课教材配套，同一门课程有针对不同层次、面向不同专业的多本具有各自内容特点的教材。处理好教材统一性与多样化，基本教材与辅助教材、教学参考书，文字教材与软件教材的关系，实现教材系列资源配套。

（5）依靠专家，择优选用。在制定教材规划时要依靠各课程专家在调查研究本课程教材建设现状的基础上提出规划选题。在落实主编人选时，要引入竞争机制，通过申报、评审确定主题。书稿完成后要认真实行审稿程序，确保出书质量。

繁荣教材出版事业，提高教材质量的关键是教师。建立一支高水平教材编写梯队才能保证教材的编写质量和建设力度，希望有志于教材建设的教师能够加入到我们的编写队伍中来。

21世纪普通高校计算机公共课程规划教材编委会

联系人：梁颖 liangying@tup.tsinghua.edu.cn

前 言

在计算机技术迅猛发展、社会信息化进程加快的背景下，为进一步推动高等学校的计算机基础教学改革和发展，提高学生的实践操作能力，在清华大学出版社的大力支持下，由从事计算机基础教学工作多年的一线骨干教师采用任务驱动方法编写了《数据库案例开发教程(Visual FoxPro)》这本教材；同时针对教材实训任务的解决和课后习题的解析，编写了与教材配套的实验指导书——《数据库案例开发教程(Visual FoxPro)实验指导》。

全书分为三篇。第一篇为上机实验指导，根据教材的内容和教学安排分为15个实验，每个实验按照实验目的、实验准备、实验内容、实验步骤和实验思考五部分组织编写。实验目的介绍了学生完成本实验需要了解、掌握的知识目标；实验准备介绍了完成本实验需要掌握的主要知识点，既为顺利完成实验作了理论上的知识准备，也为学生的课堂理论学习进行了必要的总结和复习；实验内容详细地介绍了实验需要完成的任务及实验所需要达到的效果；实验步骤详细地介绍了完成各个实验内容的操作过程；实验思考则给学生留出了提高的空间，对学生独立学习、独立思考以及独立解决问题的能力进行锻炼。第二篇为教材习题解析及参考答案，按照教材章节顺序给出了课后习题的参考答案，并对所有选择题进行了解析，使学生更进一步地掌握所学知识，并对学生分析问题的能力进行指导。第三篇为模拟测试题、全国计算机等级考试(二级)试题及参考答案，教师可以利用模拟测试题考查学生对本门课程理论知识的掌握程度，也可以利用模拟测试题作为理论考试的参考试卷；学生可以通过模拟测试题分析自己对本门课程各部分理论知识的掌握程度，查缺补漏；全国计算机等级考试(二级)试题既可以让学生了解全国计算机等级考试的形式和内容，也可以作为参加全国计算机等级考试(二级)之前的模拟测试。

本书由刘志凯、白玲、陈井霞、王丽铭编著，虽然在编写过程中特别注意了知识的实用性和针对性，但由于作者学识水平有限，书中不当或错误之处在所难免，敬请广大读者批评指正。

编　者

2013年10月

目录

第一篇　上机实验指导

实验1　数据库设计

实验目的

(1) 掌握小型应用管理系统数据库的设计流程。
(2) 熟悉 E-R 图的做法。
(3) 掌握将 E-R 模型转换为关系模型的方法。

实验准备

1. Visual FoxPro 6.0 的启动与退出

1) 启动

选择"开始"菜单→"程序"→ Microsoft Visual FoxPro 6.0。

2) 退出

(1) 单击标题栏的"关闭"按钮( )。
(2) 选择"文件"菜单的"退出"命令。
(3) 在命令窗口中输入并执行命令：QUIT。

2. Visual FoxPro 6.0 的工作方式

Visual FoxPro 6.0 提供 3 种工作方式：
(1) 菜单或工具栏按钮方式(交互式)。
(2) 命令方式(交互式)。
(3) 程序运行方式。

3. 系统默认目录的设置

1) 命令方式

```
SET DEFAULT TO <默认路径>
```

2) 菜单方式

选择"工具"菜单下的"选项"命令，在"文件位置"选项卡下选择"默认目录"，单击"修改"按钮进行默认目录的设置，如图 1-1-1 所示。

4. 数据库设计

数据库设计的基本步骤主要包括需求分析、概念结构设计、逻辑结构设计、物理结构设计、建立数据库和测试、运行和维护。

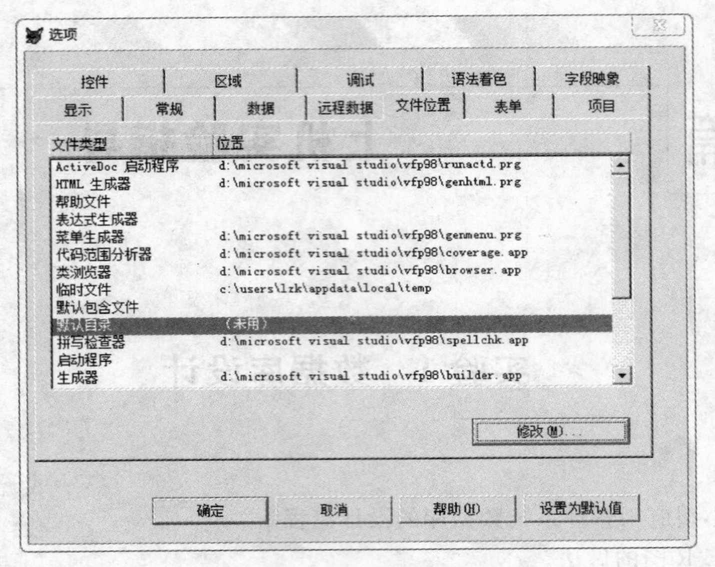

图 1-1-1　设置默认目录

数据库设计的详细过程如图 1-1-2 所示。

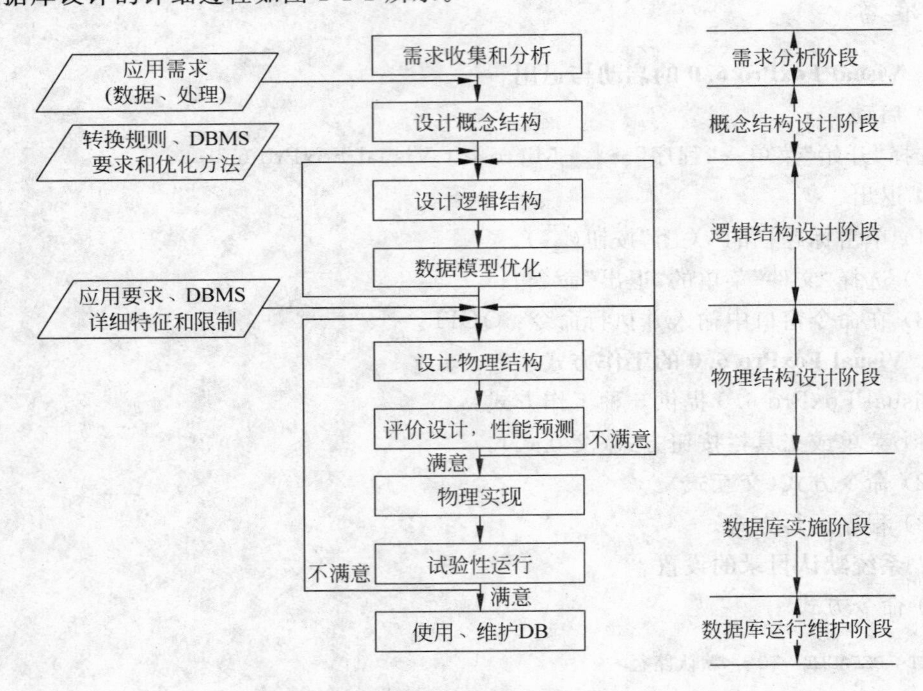

图 1-1-2　数据库设计步骤

实验内容

(1) 对销售管理系统进行分析，确定需要的数据。

(2) 建立销售管理系统中实体间的 E-R 图。

(3) 将实验内容(2)所建立的 E-R 模型转换为关系模型。

(4) 将实验内容(3)所确定的关系模型转换为物理结构描述。

(5) 在本地计算机的D盘驱动器下建立一个文件夹,命名为VFP。启动Visual FoxPro 6.0,并将D盘驱动器下的VFP文件夹设置为默认目录。

实验步骤

1. 与实验内容(1)对应的操作

本销售管理系统只考虑产品与客户间的销售关系,暂未涉及其他关系。系统中包括两个实体:产品、客户;描述产品的属性包括产品编号、产品名称、生产厂商、规格、型号、单价、品牌、产品说明,描述客户的属性包括客户编号、客户、联系电话、联系地址、邮编、E-mail;产品和客户间具有销售联系,描述销售的属性包括产品编号、客户编号、销售时间、单价、数量。

2. 与实验内容(2)对应的操作

概念设计的主要目的是将需求说明书中有关数据的需求综合为一个统一的概念模型。为此,可先根据单个应用的需求画出能够反映每一应用需求的局部E-R图,然后把这些E-R图合并起来,消除冗余和可能存在的矛盾,得出系统的总体E-R图。

销售管理系统的产品实体以"产品编号"作为关键字,客户实体以"客户编号"作为关键字,销售联系以"产品编号+客户编号"作为关键字;产品与客户间具有多对多联系。从而得出销售管理系统的总体E-R图如图1-1-3所示。

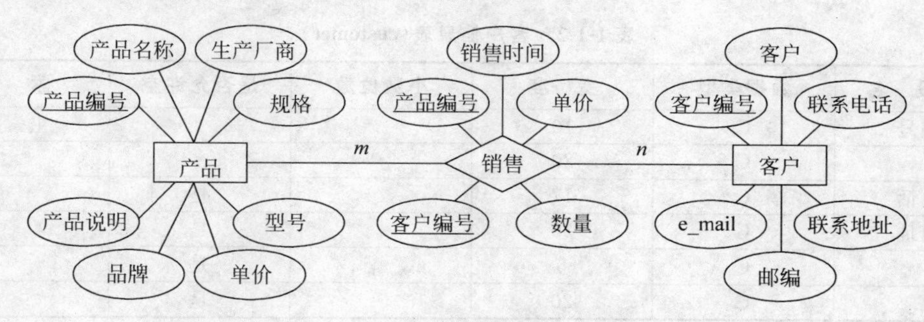

图1-1-3　销售管理系统总体E-R图

3. 与实验内容(3)对应的操作

逻辑结构设计的目的是将E-R模型转换为某一种特定的DBMS能够接受的逻辑模式。首先选择一种数据模型,然后按照相应的转换规则,将E-R模型转换为具体的数据库逻辑结构。Visual FoxPro 6.0是关系数据库管理系统,采用的是关系数据模型,因此销售管理系统需要的关系如下:

1) 产品信息表(用于描述产品实体)

产品(<u>产品编号</u>,产品名称,生产厂商,规格,型号,单价,品牌,产品说明)

2) 客户信息表(用于描述客户实体)

客户(<u>客户编号</u>,客户,联系电话,联系地址,邮编,e_mail)

3) 销售信息表(用于描述销售联系)

销售(<u>产品编号</u>,销售时间,单价,数量,<u>客户编号</u>)

4）用户密码表(用于描述系统管理员和用户实体)

用户(用户名,密码,权限等级)

4. 与实验内容(4)对应的操作

物理结构设计的目的在于确定数据库的存储结构,具体包括确定数据库文件的数据库组成、数据,表、数据库表间的联系,数据字段类型与长度、主键、索引等。销售管理系统需要的表的结构分别如表 1-1-1～表 1-1-4 所示。

表 1-1-1　产品信息表(products)

字段名	数据类型	宽度	小数位数	是否允许空	索引
产品编号	C	6			主索引
产品名称	C	20			
生产厂商	C	20			
规格	C	30			
型号	C	10			
单价	N	10	1	是	
品牌	C	10			
产品说明	M	4		是	

表 1-1-2　客户信息表(customer)

字段名	数据类型	宽度	小数位数	是否允许空	索引
客户编号	C	10			主索引
客户	C	20			
联系电话	C	17		是	
联系地址	C	30		是	
邮编	C	6		是	
e_mail	C	20		是	

表 1-1-3　销售信息表(sales)

字段名	数据类型	宽度	小数位数	是否允许空	索引
产品编号	C	6			普通索引
销售时间	D	8			
单价	N	10	1		
数量	N	10	0		
客户编号	C	10			普通索引

表 1-1-4　用户密码表(user)

字段名	数据类型	宽度	小数位数	是否允许空	索引
用户名	C	8			普通索引
密码	C	8			
权限等级	C	1			

5. 与实验内容(5)对应的操作

1) 建立文件夹

在“我的电脑”中打开D盘驱动器，选择“文件”菜单下的“新建”命令，在弹出的级联菜单中选择“文件夹”命令(或在D盘驱动器的空白处右击，在弹出的快捷菜单中选择“新建”→“文件夹”命令)，并将文件夹重命名为VFP。

2) 设置默认目录

(1) 菜单方式。

启动Visual FoxPro 6.0，选择“工具”菜单中的“选项”命令，在“文件位置”选项卡下修改“默认目录”为D:\VFP。

(2) 命令方式。

在命令窗口中输入如下命令：

```
SET DEFAULT TO D:\VFP
```

实验思考

(1) 一种程序设计语言是否区分字母的大小写被称为该语言“对大小写是否敏感”，不是所有的语言都对大小写敏感，也不是所有的语言对大小写都不敏感。Visual FoxPro 6.0对大小写敏感吗？在命令窗口中用“DISPLAY MEMORY”的大小写试一试。

(2) 在Visual FoxPro 6.0中，用菜单方式设置默认目录后，直接单击“确定”按钮完成设置和先单击“设置为默认值”再单击“确定”按钮完成设置，二者有何区别？

实验2 Visual FoxPro运算

实验目的

(1) 掌握Visual FoxPro 6.0中的基本数据类型。

(2) 掌握Visual FoxPro 6.0中的常量和变量。

(3) 掌握Visual FoxPro 6.0中常用的内部函数的用法。

(4) 掌握Visual FoxPro 6.0中表达式的构成。

实验准备

1. Visual FoxPro 6.0的数据类型

Visual FoxPro 6.0的数据类型包括字符型(C)、数值型(N)、浮点型(F)、双精度型(B)、整型(I)、货币型(Y)、逻辑型(L)、日期型(D)、日期时间型(T)、备注型(M)和通用型(G)。

2. Visual FoxPro 6.0的常量

(1) 字符型：长度0～254个字符，使用时用定界符(" "、' '、[ ])定界。

(2) 数值型：长度0～20位，由阿拉伯数字(0～9)、小数点(.)、正负号(+、-)、字母(E)构成。

(3) 货币型：以货币符号＄或￥开头的数值，小数位数固定4位。

(4) 逻辑型：长度固定1位，逻辑真用.T.或.Y.表示，逻辑假用.F.或.N.表示。

(5) 日期型：长度固定8位，严格的日期常量格式为：

```
{^yyyy/mm/dd}
```

或

```
{^yyyy-mm-dd}
```

(6) 日期时间型：长度固定8位，严格的日期时间常量格式为：

```
{^yyyy/mm/dd,hh[:mm[:ss]][a|p]}
```

3. Visual FoxPro 6.0 的变量

变量值是能够随时更改的。Visual FoxPro 6.0 的变量分为字段变量和内存变量两大类。内存变量包括基本内存变量、系统内存变量和数组变量。

1) 基本内存变量

每一个变量都有一个名字，可以通过变量名访问变量。变量名只能用字母、数字、汉字和下划线(_)的组合，并且第一个字符不能是汉字，不能用系统关键字作为变量名。

内存变量常用命令如下。

(1) 内存变量的赋值。

格式1：

```
STORE <表达式> TO <变量名表>
```

格式2：

```
<内存变量名> = <表达式>
```

(2) 表达式值的显示。

格式1：

```
?[<表达式表>]                 && 代表换行打印
```

格式2：

```
??<表达式表>                  && 代表在当前行打印
```

(3) 内存变量的显示。

格式1：

```
LIST MEMORY [LIKE <通配符>];
    [TO PRINTER | TO FILE <文件名>]
```

格式2：

```
DISPLAY MEMORY [LIKE <通配符>];
    [TO PRINTER | TO FILE <文件名>]
```

(4) 通配符。

*：代表任意多个任意的字符。

?：代表至多一个任意的字符。

(5) 内存变量的清除。

格式 1：

```
CLEAR  MEMORY
```

格式 2：

```
RELEASE  <内存变量名表>
```

格式 3：

```
RELEASE  ALL  [EXTENDED]
```

格式 4：

```
RELEASE  ALL  [LIKE  <通配符>| EXCEPT  <通配符>]
```

2）数组

数组是内存中连续的一片存储区域，它由一系列元素组成，每个数组元素可通过数组名及相应的下标来访问。每个数组元素相当于一个基本内存变量，可以给数组统一赋值，也可以给各数组元素分别赋值。

创建数组的命令格式如下。

格式 1：

```
DIMENSION  <数组名 1>(<下标上限 1>[,<下标上限 2>])[,…]
```

格式 2：

```
DECLARE  <数组名 1>(<下标上限 1>[,<下标上限 2>])[,…]
```

数组创建后，系统自动给每个数组元素赋以默认值——逻辑假.F.。在使用数组时，一定要注意数组下标的起始值为 1。

4. Visual FoxPro 6.0 的常用内部函数

函数包括函数名、参数和函数值 3 个要素。函数名起标识作用，需要使用时通过函数名调用该函数；参数是自变量，可以是常量、变量、其他函数调用或表达式，所有参数需写在括号内，参数之间用逗号分隔；函数值为函数经过运算后返回的结果。

5. Visual FoxPro 6.0 的表达式

把常量、变量、函数等用运算符连接起来表示运算的式子称为数值运算表达式，简称为表达式。单个常量、变量、函数可认为是表达式的特例。

根据运算符的不同，Visual FoxPro 6.0 表达式可分为数值型表达式、字符型表达式、日期型表达式、关系型表达式和逻辑型表达式。

实验内容

(1) 分析表 1-2-1 中的各个命令并填写命令的执行结果。

表 1-2-1　常量、变量、函数与表达式的使用

执行命令	执行结果	执行命令	执行结果
? 3.1658E2		?.T.	
?"abc"		? {^2013-02-25}	
STORE 4 TO x ? x		y="boy" ? y	
a="中华人民共和国" ? LEN(a) ? SUBSTR(a,5,4) ? LEFT(a,4) ? RIGHT(a,6)		?"abc"="abcd" ?"abcd"="abc" ?"abc"=="abcd" ? 12+23>43 ?.NOT. "a"+"b"<"ac"	
? ROUND(124.4653,2)		? INT(34.998)	
? MOD(-10,3)		? DATE( )	
? TIME( )		? DATETIME( )	
? HOUR(DATETIME( ))		? CDOW(DATE( ))	
tt="ab" ab=120 ? &tt ? &tt.*5		DISP MEMO LIKE * CLEAR ALL ? tt ? _windows	

(2) 已知数学表达式：$z=\frac{x^3+y^4}{\sqrt{x+y}-xy}$，求：当 $x=8.3$，$y=12.6$ 时表达式 z 的值(提示：开平方函数为 SQRT( ))。

(3) 已知各字段信息如下：

成绩　N(5,0)，年龄　N(3,0)，书名　C(30)，出生日期　D(8)，性别　C(2)

用 Visual FoxPro 6.0 表达式写出下列条件：

① 成绩高于 600 分。

② 年龄大于 18 岁但小于 25 岁。

③ 书名中含有“计算机”3 个字的图书。

④ 在 1985 年 1 月 1 日至 1988 年 5 月 15 日之间出生的女生。

实验步骤

1. 与实验内容(1)对应的操作

执行命令	执行结果	执行命令	执行结果
? 3.1658E2	316.58	?.T.	.T.
?"abc"	abc	? {^2013-02-25}	02/25/13

续表

执行命令	执行结果	执行命令	执行结果
STORE 4 TO x ? x	4	y="boy" ? y	boy
a="中华人民共和国" ? LEN(a) ? SUBSTR(a,5,4) ? LEFT(a,4) ? RIGHT(a,6)	 14 人民 中华 共和国	?"abc"="abcd" ?"abcd"="abc" ?"abc"=="abcd" ? 12+23>43 ? .NOT. "a"+"b"<"ac"	.F. .T. .F. .F. .F.
? ROUND(124.4653,2)	124.47	? INT(34.998)	34
? MOD(-10,3)	2	? DATE( )	(当前系统日期)
? TIME( )	(当前系统时间)	? DATETIME( )	(当前系统日期时间)
? HOUR(DATETIME( ))	(当前系统时间的小时)	? CDOW(DATE( ))	(当前系统的星期)
tt="ab" ab=120 ? &tt ? &tt. * 5	 120 600	DISP MEMO LIKE * CLEAR ALL ? tt ? _windows	(显示用户定义变量) (清除用户定义变量) 找不到变量'TT' .T.

2. 与实验内容(2)对应的操作

在 Visual FoxPro 6.0 命令窗口中依次输入如下内容：

```
x = 8.3
y = 12.6
z = (x^3 + y^4)/(SQRT(x + y) - x * y)
?z
```

在输出窗口显示表达式的运算结果为：-257.7437。

3. 与实验内容(3)对应的操作

各条件表达式如下：

(1) 成绩>600

(2) 年龄>18 .AND. 年龄<25

(3) "计算机" $ 书名

(4) 出生日期>={^1985-01-01} .AND. 出生日期<={^1988-05-15} .AND. 性别="女"

实验思考

(1) 在 Visual FoxPro 6.0 的命令窗口中依次执行如下命令，输出的结果应该是什么？

```
DIMENSION  mm(3,4)
STORE  20  TO  mm(1,2),mm(2,3)
mm(1,3) = "aaa"
mm(2,1) = {^1987 - 12 - 22}
mm(3,2) = $125
?mm(2),mm(3),mm(4),mm(5)
```

(2) 已知变量 x 是一个四位数，如何求出 x 的个位数、十位数、百位数和千位数？提示：可以借助取整函数 INT 和求余函数 MOD。

(3) 当在 Visual FoxPro 6.0 命令窗口中使用了 SET EXACT OFF 命令时，"abcd"＝"abc"的返回值是什么？当在 Visual FoxPro 6.0 命令窗口中使用了 SET EXACT ON 命令时，"abcd"＝"abc"的返回值又是什么？通过该实例，分析 SET EXACT ON | OFF 命令的作用。

实验3　Visual FoxPro 数据库和表(一)

实验目的

(1) 掌握表和数据库的建立与维护的方法。

(2) 掌握表中数据的排序与索引。

(3) 熟悉参照完整性的设置。

实验准备

1. 表的建立

1) 菜单方式

选择"文件"→"新建"→"表"命令。

2) 命令方式

```
CREATE  [<表名>]
```

2. 表的显示

1) 菜单方式

选择"显示"→"浏览"命令。

2) 命令方式

```
BROWSE  [LAST]
```

3. 表的打开

1) 菜单方式

选择"文件"→"打开"命令。

2) 命令方式

```
USE  <表名>
```

4. 修改表结构

1) 菜单方式

选择"显示"→"表设计器"命令。

2) 命令方式

```
MODIFY  STRUCTURE
```

5. 记录的追加

1）菜单方式

（1）选择“表”→“追加新记录”命令（每次只能追加一个记录）。

（2）选择“显示”→“追加方式”命令（每次可以追加多条记录）。

2）命令方式

```
APPEND                          && 追加记录
APPEND  BLANK                   && 追加空记录
APPEND  FROM                    && 将其他表中的数据追加到当前打开的表尾
INSERT  [BEFORE]  [BLANK]       && 插入记录
```

6. 修改表记录

1）菜单方式

（1）浏览修改。

选择“显示”→“浏览”命令。

（2）编辑修改。

选择“显示”→“编辑”命令。

（3）替换修改。

选择“表”→“替换字段”命令。

2）命令方式

（1）浏览修改。

```
BROWSE
```

（2）编辑修改。

```
EDIT | CHANGE
```

（3）替换修改。

```
REPLACE  [范围]  字段名1  WITH 表达式1，;
字段名2  WITH  表达式2，…  [FOR | WHILE  <字段满足值>]
```

7. 删除表记录

1）逻辑删除

（1）菜单方式。

选择“表”→“删除记录”命令。

（2）命令方式。

```
DELETE  [范围]  [FOR | WHILE  <条件>]
```

2）逻辑恢复

（1）菜单方式。

选择“表”→“恢复记录”命令。

（2）命令方式。

```
RECALL  [范围]  [FOR | WHILE  <条件>]
```

3）物理删除

(1) 菜单方式。

选择"表"→"彻底删除"命令。

(2) 命令方式。

```
PACK
```

4）全部删除

```
ZAP
```

8. 表的复制

命令格式：

```
COPY  TO  <表文件名>  [FIELDS  <字段列表>][<范围>];
[FOR | WHILE  <条件>]
```

9. 复制表的结构

命令格式：

```
COPY  STRUCTURE  TO  <表文件名>  [FIELDS  <字段列表>]
```

实验内容

在学生个人的移动存储设备上建立 xsgl 文件夹，并将该文件夹设置为默认目录，完成如下实验内容：

(1) 建立产品信息表 products(如图 1-3-1 所示)、客户信息表 customer(如图 1-3-2 所示)、销售信息表 sales(如图 1-3-3 所示)和用户密码表 user(如图 1-3-4 所示)，表结构分别如表 1-1-1～表 1-1-4 所示。

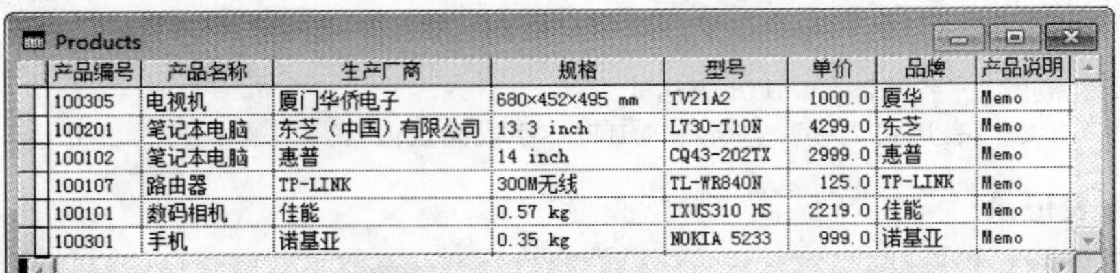

Products

产品编号	产品名称	生产厂商	规格	型号	单价	品牌	产品说明
100305	电视机	厦门华侨电子	680×452×495 mm	TV21A2	1000.0	厦华	Memo
100201	笔记本电脑	东芝（中国）有限公司	13.3 inch	L730-T10N	4299.0	东芝	Memo
100102	笔记本电脑	惠普	14 inch	CQ43-202TX	2999.0	惠普	Memo
100107	路由器	TP-LINK	300M无线	TL-WR840N	125.0	TP-LINK	Memo
100101	数码相机	佳能	0.57 kg	IXUS310 HS	2219.0	佳能	Memo
100301	手机	诺基亚	0.35 kg	NOKIA 5233	999.0	诺基亚	Memo

图 1-3-1　产品信息表(products.dbf)

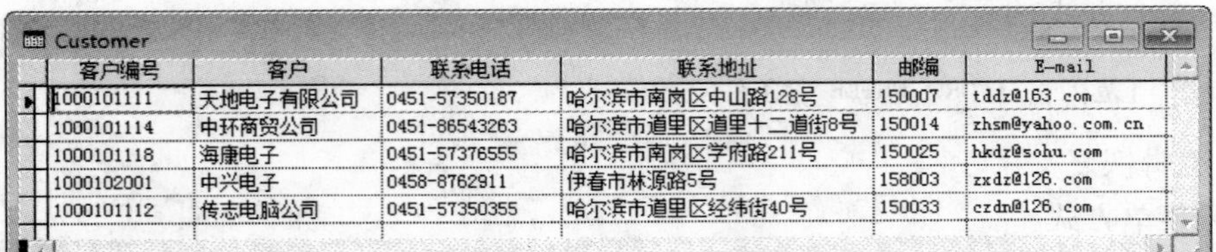

Customer

客户编号	客户	联系电话	联系地址	邮编	E-mail
1000101111	天地电子有限公司	0451-57350187	哈尔滨市南岗区中山路128号	150007	tddz@163.com
1000101114	中环商贸公司	0451-86543263	哈尔滨市道里区道里十二道街8号	150014	zhsm@yahoo.com.cn
1000101118	海康电子	0451-57376555	哈尔滨市南岗区学府路211号	150025	hkdz@sohu.com
1000102001	中兴电子	0458-8762911	伊春市林源路5号	158003	zxdz@126.com
1000101112	传志电脑公司	0451-57350355	哈尔滨市道里区经纬街40号	150033	czdn@126.com

图 1-3-2　客户信息表(customer.dbf)

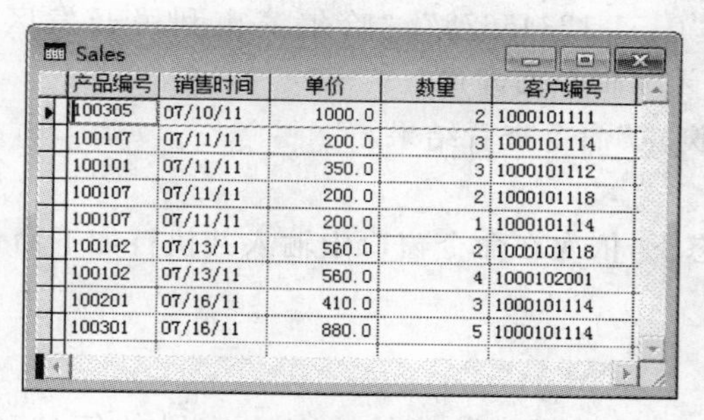

产品编号	销售时间	单价	数量	客户编号
100305	07/10/11	1000.0	2	1000101111
100107	07/11/11	200.0	3	1000101114
100101	07/11/11	350.0	3	1000101112
100107	07/11/11	200.0	2	1000101118
100107	07/11/11	200.0	1	1000101114
100102	07/13/11	560.0	2	1000101118
100102	07/13/11	560.0	4	1000102001
100201	07/16/11	410.0	3	1000101114
100301	07/16/11	880.0	5	1000101114

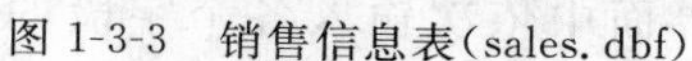

图 1-3-3　销售信息表(sales. dbf)

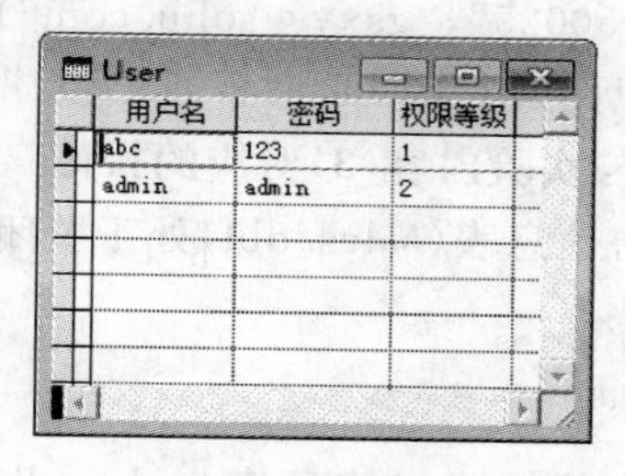

用户名	密码	权限等级
abc	123	1
admin	admin	2

图 1-3-4　用户密码表(user. dbf)

(2) 在客户信息表(customer. dbf)第 3 条记录的后面插入一条新的记录,记录的内容为(“1234567890”,“哈尔滨广厦学院”,“0451-12345678”,“哈尔滨市利民开发区学院路 1 号”,“150025”,“gsxy@sohu. com”)。

(3) 为销售信息表(sales. dbf)追加一条新的记录,记录的内容为(“100102”,{^2013-03-20},2999.0,1,1234567890)。

(4) 为用户密码表(user. dbf)追加一条新的记录,记录的内容为(“广厦学院”,“gsxy”,“1”)。

(5) 将产品信息表 products 中产品编号为“100301”的产品单价更改为“880.0”;产品编号为“100107”的产品单价更改为“200.0”。

(6) 将销售信息表 sales 中产品编号为“100101”的产品单价更改为 2219.0;产品编号为“100102”的产品单价更改为“2999.0”;产品编号为“100201”的产品单价更改为“4299.0”。

(7) 将销售信息表 sales 中产品编号为“100107”并且销售数量为“1”的记录物理删除。

实验步骤

1. 与实验内容(1)对应的操作

在学生个人的移动存储设备上建立 xsgl 文件夹,打开 Visual FoxPro 6.0,将 xsgl 文件夹设置为默认目录,然后在命令窗口中输入并执行如下命令:

```
CREATE   products
```

按表 1-1-1 设置表结构。完成表结构设计后,单击“确定”按钮,待系统提示“现在输入数据记录吗?”后单击“是”按钮,开始为 products. dbf 表输入图 1-3-1 所示数据。全部数据输入完后,按 Ctrl+W 键,退出编辑状态。

用同样的方法完成 customer、sales 和 user 表的建立和数据的输入(表结构参考实验一中的表 1-1-2～表 1-1-4,表数据参考图 1-3-2～图 1-3-4)。

2. 与实验内容(2)对应的操作

客户信息表(customer. dbf)处于关闭状态下,依次在命令窗口中输入并执行如下命令:

```
USE   customer
GO   3
INSERT
```

在打开的客户信息表(customer. dbf)的编辑界面中依次输入各个字段的值

("1234567890","哈尔滨广厦学院内","0451-12345678","哈尔滨市利民开发区学院路1号","150025","gsxy@sohu. com"),关闭编辑界面即可。

可以用 BROWSE 命令或"显示"→"浏览"命令查看结果。

3. 与实验内容(3)对应的操作

销售信息表(sales. dbf)处于关闭状态下,依次在命令窗口中输入并执行如下命令:

```
USE  sales
APPEND
```

在打开的销售信息表(sales. dbf)的编辑界面中依次输入各个字段的值("100102",{^2013-03-20},2999.0,1,"1234567890"),关闭编辑界面即可。

可以用 BROWSE 命令或"显示"→"浏览"命令查看结果。

4. 与实验内容(4)对应的操作

用户密码表(user. dbf)处于关闭状态下,依次在命令窗口中输入并执行如下命令:

```
USE  user
APPEND
```

在打开的用户密码表(user. dbf)的编辑界面中依次输入各个字段的值("广厦学院","gsxy","1"),关闭编辑界面即可。

可以用 BROWSE 命令或"显示"→"浏览"命令查看结果。

5. 与实验内容(5)对应的操作

在产品信息表 products 处于关闭状态下,依次在命令窗口中输入并执行如下命令:

```
USE  products
REPLACE  单价  WITH  880.0  FOR  产品编号 = "100301"
REPLACE  单价  WITH  200.0  FOR  产品编号 = "100107"
BROWSE
```

6. 与实验内容(6)对应的操作

在销售信息表 sales 处于关闭状态下,依次在命令窗口中输入并执行如下命令:

```
USE  sales
REPLACE  单价  WITH  2219.0  FOR  产品编号 = "100101"
REPLACE  单价  WITH  2999.0  FOR  产品编号 = "100102"
REPLACE  单价  WITH  4299.0  FOR  产品编号 = "100201"
BROWSE
```

7. 与实验内容(7)对应的操作

在销售信息表 sales 处于关闭状态下,依次在命令窗口中输入并执行如下命令:

```
USE  sales
DELETE  FOR  产品编号 = "100107"  AND  数量 = 1
PACK
BROWSE
```

实验思考

(1) 在设计 products 表时可否将"产品编号"字段定义为数值型？这和定义为字符型有

什么区别？

（2）备注型固定虽然只占系统4个字节的空间，却可以存放任意长度的文本（长度只受硬盘存储空间的限制），这是为什么？

实验4　Visual FoxPro数据库和表（二）

实验目的

（1）掌握表中数据的排序与索引。

（2）掌握数据库表间永久联系的建立方法。

（3）掌握表间参照完整性的设置。

（4）掌握字段有效性规则、错误提示信息及默认值的设置。

实验准备

1. 命令方式建立索引

1）建立单索引

命令格式：

```
INDEX ON <索引关键字表达式> TO <单索引文件名> [COMPACT]
```

2）建立复合索引

命令格式：

```
INDEX ON <索引关键字表达式> TAG <索引标识名>;
[OF <独立复合索引文件名>]
```

3）索引顺序

升序命令格式：

```
INDEX ON <索引关键字表达式> TAG <索引标识名> [ASC]
```

降序命令格式：

```
INDEX ON <索引关键字表达式> TAG <索引标识名> DESC
```

2. 菜单方式建立结构复合索引

在Visual FoxPro 6.0中，用菜单方式建立的索引文件是结构复合索引文件，其与表文件同名，扩展名为CDX，并且随着表文件的打开自动打开，随着表文件的关闭自动关闭，表记录发生变化后该索引文件会自动更新。

结构复合索引文件建立的过程如下：

（1）打开要建立索引的表文件，选择“显示”菜单下的“表设计器”命令。

（2）在弹出的“表设计器”对话框中，选择“索引”选项卡。

（3）在“索引”选项卡的“索引名”下输入索引标识名，在“类型”下选择相应的索引类型，在“表达式”下给出索引表达式，单击“确定”按钮完成索引的建立。

3. 打开索引

1) 菜单方式

结构复合索引文件随表的打开而打开,单索引文件与非结构化复合索引文件可以选择“文件”菜单下的“打开”命令,在“打开”对话框中选中文件类型为“索引”。

2) 命令方式

命令格式:

```
SET  INDEX  TO  <索引文件名>
```

4. 设置主控索引

1) 菜单方式

在表的浏览状态下,选择“表”菜单下的“属性”命令,在弹出的“工作区属性”对话框中的“索引顺序”列表框中选择相应的索引。

2) 命令方式

命令格式:

```
SET  ORDER  TO  <索引文件名> | TAG  <索引标识名>
```

5. 关闭索引

命令格式:

```
SET  INDEX  TO
```

6. 删除索引标识

命令格式:

```
DELETE  TAG  ALL | [<索引标识名 1>,<索引标识名 2>…]
```

7. 建立数据库

1) 菜单方式

选择“文件”→“新建”→“数据库”命令。

2) 命令方式

```
CREATE  DATABASE  [<数据库名>]
```

8. 修改数据库

命令格式:

```
MODIFY  DATABASE  [<数据库名>]
```

9. 打开数据库

1) 菜单方式

选择“文件”→“打开”命令,选择文件类型为“数据库”。

2) 命令方式

```
OPEN  DATABASE  [<数据库名>]
```

10. 删除数据库

命令格式:

```
DELETE DATABASE <数据库名>
```

11. 建立永久关系

在数据库中建立数据库表间的永久联系的过程如下：

（1）对要建立永久联系的两个数据库表，首先按公共字段建立索引（主表建立主索引或候选索引）。

（2）用鼠标将主表的索引项拖曳到子表的索引项上松开鼠标即可建立表间的永久联系。

12. 数据完整性

数据完整性包括实体完整性、域完整性和参照完整性。

1）实体完整性

限定表记录的唯一性，用主关键字或候选关键字来实现。

2）域完整性

限定属性的取值范围，通过定义“字段有效性”来实现。

3）参照完整性

限定多个相关联表中数据的一致性，通过建立表间永久联系，编辑“参照完整性”来实现。

实验内容

将学生个人移动存储设备上的 xsgl 文件夹设置为默认目录，完成如下实验内容：

（1）建立销售管理数据库（文件名：db_sale.dbc），将产品信息表（products.dbf）、客户信息表（customer.dbf）、销售信息表（sales.dbf）添加到该数据库中。

（2）在销售管理数据库 db_sale 中，为产品信息表（products.dbf）建立主索引，索引名与索引表达式均为“产品编号”；为客户信息表（customer.dbf）建立主索引，索引名与索引表达式均为“客户编号”；为销售信息表（sales.dbf）建立两个普通索引，一个索引名与索引表达式均为“产品编号”，另一个索引名与索引表达式均为“客户编号”。

（3）建立系统管理数据库（文件名：db_system.dbc），将用户密码表（user.dbf）添加到该数据库中。

（4）在系统管理数据库 db_system 中，为用户密码表（user.dbf）建立一个索引名与索引表达式均为“用户名”的普通索引。

（5）在销售管理数据库 db_sale 中建立产品信息表（products.dbf）和销售信息表（sales.dbf）间的永久联系，建立客户信息表（customer.dbf）和销售信息表（sales.dbf）间的永久联系；并为所有的联系设置参照完整性约束，要求更新规则设为“级联”，删除规则设为“限制”，插入规则设为“限制”。

（6）为产品信息表（products.dbf）的“单价”字段设置有效性规则，要求单价必须大于零，错误提示信息为“用户输入的单价数据必须大于零”，默认值为“555”（提示：规则表达式为“单价＞0”）。

实验步骤

1. 与实验内容（1）对应的操作

打开 Visual FoxPro 6.0，将 xsgl 文件夹设置为默认目录，然后在命令窗口中依次输入并执行如下命令：

```
CREATE  DATABASE  db_sale
MODIFY  DATABASE
```

然后单击“数据库设计器”工具栏中的“添加表”按钮，在弹出的“打开”对话框中选择products. dbf表，单击“确定”按钮，将选中的表添加到数据库设计器中；同样的方法将customer. dbf表和sales. dbf表添加到数据库设计器中。

注意：也可以选择“数据库”菜单下的“添加表”命令；或者选择快捷菜单中的“添加表”命令。

2. 与实验内容(2)对应的操作

操作步骤如下：

(1) 在“数据库设计器-db_sale”中，右击产品表(products. dbf)，在弹出的快捷菜单中选择“修改”命令，弹出“表设计器”对话框，在表设计器的“索引”选项卡下设置如图1-4-1所示的索引，单击“确定”按钮即可(要求永久修改表结构)。

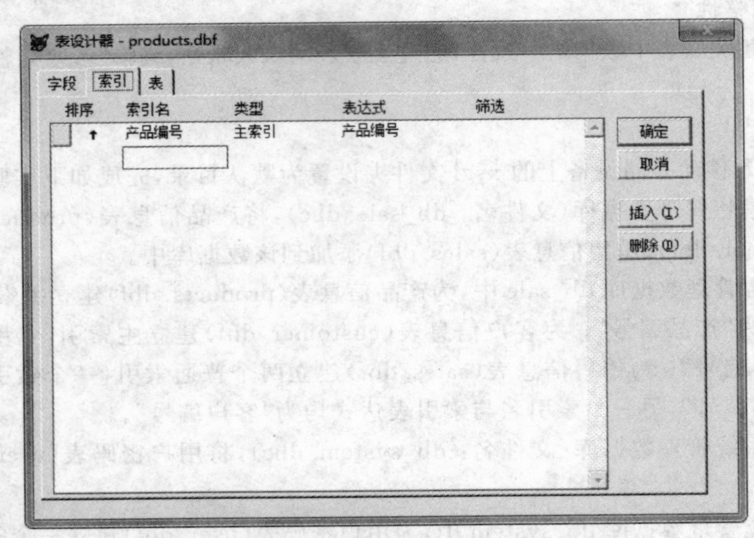

图1-4-1　products表建立索引效果图

(2) 同样的方法为客户表(customer. dbf)和销售表(sales. dbf)建立实验内容要求建立的索引，效果如图1-4-2和图1-4-3所示。

3. 与实验内容(3)对应的操作

在Visual FoxPro 6.0命令窗口中依次输入并执行如下命令：

```
CREATE  DATABASE  db_system
MODIFY  DATABASE
```

然后单击“数据库设计器”工具栏中的“添加表”按钮，在弹出的“打开”对话框中选择user. dbf表，单击“确定”按钮，将选中的表添加到数据库设计器中。

4. 与实验内容(4)对应的操作

操作步骤如下：

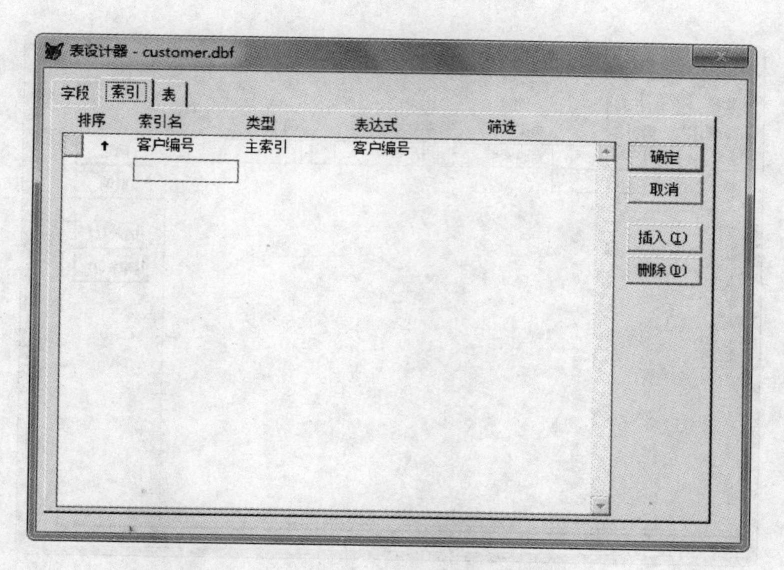

图 1-4-2　customer 表建立索引效果图

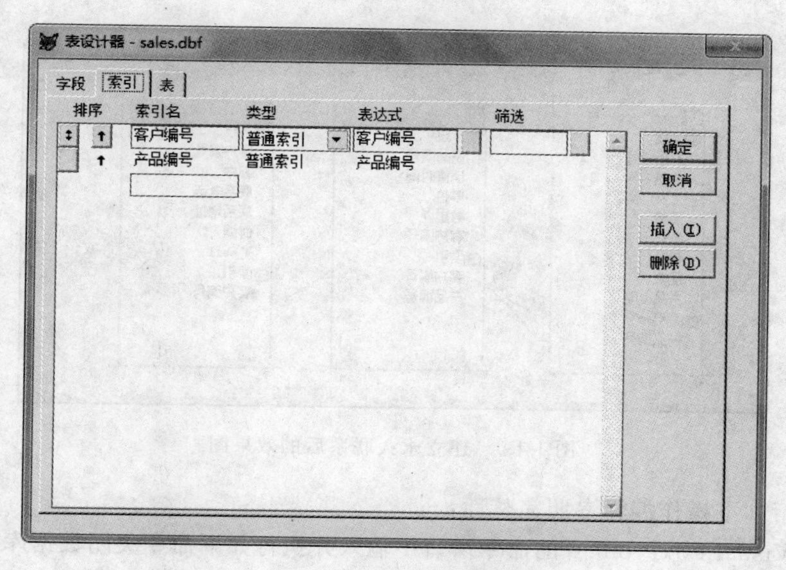

图 1-4-3　sales 表建立索引效果图

在“数据库设计器-db_system”中，右击用户密码表（user. dbf），在弹出的快捷菜单中选择“修改”命令，弹出“表设计器”对话框，在表设计器的“索引”选项卡下设置如图 1-4-4 所示的索引，单击“确定”按钮即可（要求永久修改表结构）。

5. 与实验内容(5)对应的操作

打开数据库 db_sale，在“数据库设计器-db_sale”中，将鼠标移到 products 表的“产品编号”索引标识名上（出现在“索引”下面的那个产品编号），按住鼠标左键不放，拖动到 sales 表的“产品编号”索引标识名上，松开鼠标，这时在两个表之间会有一条连线，表间的永久联系建立成功。同样的方法，拖曳 customer 表的“客户编号”索引标识名到 sales 表的“客户编号”索引标识名上，建立永久联系，效果如图 1-4-5 所示。

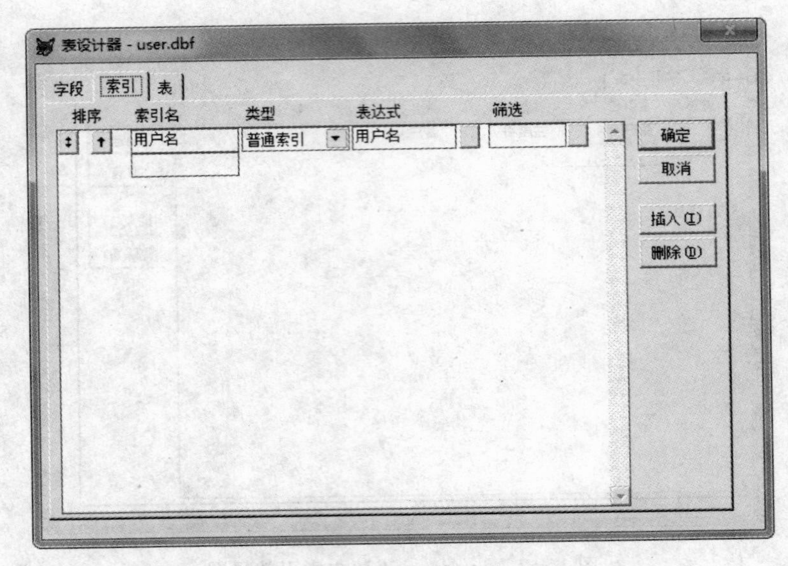

图 1-4-4　user 表建立索引效果图

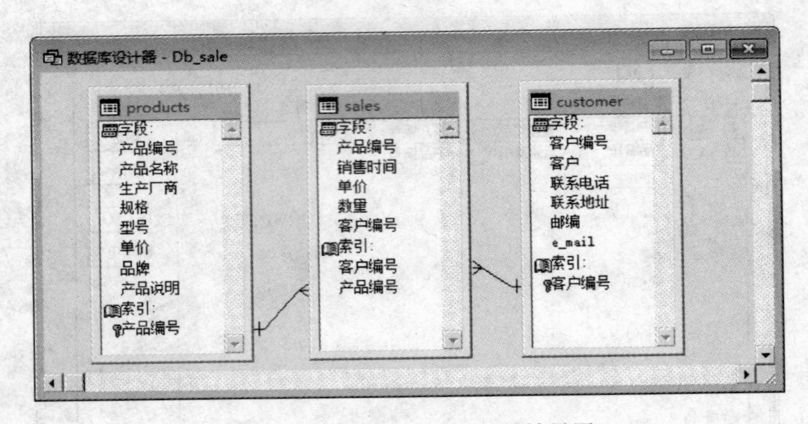

图 1-4-5　建立永久联系后的效果图

依次执行如下操作编辑参照完整性：

(1) 在 Visual FoxPro 6.0 的命令窗口中输入并执行如下命令关闭数据库及表文件：

```
CLOSE  ALL
```

(2) 在 Visual FoxPro 6.0 的命令窗口中继续输入并执行如下两条命令：

```
OPEN  DATABASE  db_sale  EXCLUSIVE
MODIFY  DATABASE
```

重新以"独占"方式打开 db_sale 数据库设计器(或选择"文件"菜单下的"打开"命令打开数据库,此时必须选中"独占"复选框)。

(3) 执行"数据库"菜单下的"清理数据库"命令。

(4) 执行"数据库"菜单下的"编辑参照完整性"命令,打开"参照完整性生成器"。

(5) 在"更新规则"选项卡中,将两个永久联系的更新规则都设置为"级联"。

(6) 在“删除规则”选项卡中，将两个永久联系的删除规则都设置为“限制”。

(7) 在“插入规则”选项卡中，将两个永久联系的插入规则都设置为“限制”；单击“确定”按钮，保存生成的代码，完成参照完整性设置。

6. 与实验内容(6)对应的操作

打开产品信息表(products.dbf)的表设计器，选中“单价”字段，在字段有效性“规则”文本框中输入表达式：单价>0；在“信息”文本框中输入错误提示信息：“用户输入的单价数据必须大于零”；在“默认值”文本框中输入单价的默认值：555，效果如图 1-4-6 所示；单击“确定”按钮即可(要求永久修改表结构)。

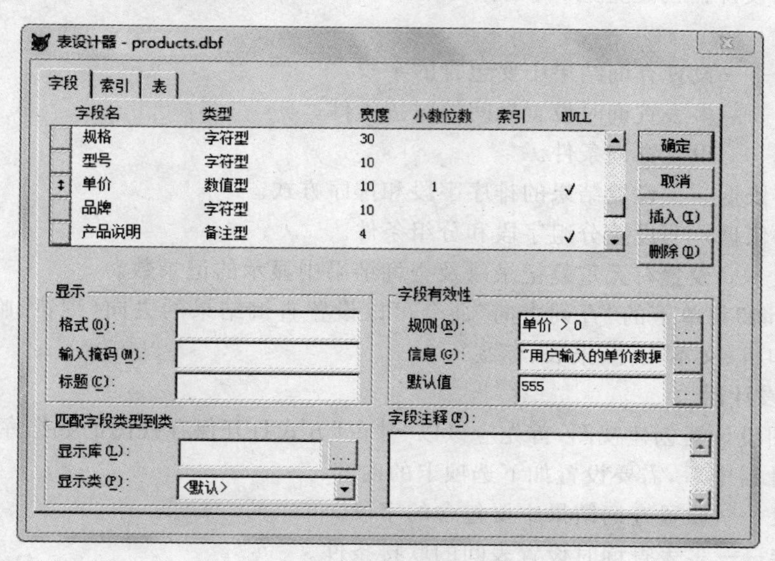

图 1-4-6　设置字段有效性

实验思考

(1) “学生管理”数据库中有 3 个表：学生表(学号，姓名，出生日期)、课程表(课程号，课程名，开课系)、成绩表(学号，课程号，成绩)，如何建立这 3 个表之间的永久联系？

(2) 要为销售表(sales.dbf)的“数量”字段设置有效性规则，要求数量必须大于零，应如何进行设置？

实验 5　Visual FoxPro 查询和视图

实验目的

(1) 理解查询和视图的概念和作用。

(2) 熟悉使用查询向导和视图向导建立查询和视图的过程。

(3) 掌握使用查询设计器建立查询的方法。

(4) 掌握使用视图设计器建立视图的方法。

(5) 熟悉查询设计器和视图设计器各个选项卡的作用。

实验准备

1. 查询和视图

查询是从指定的表或视图中提取满足条件的记录，然后定向输出查询结果；视图则兼有表和查询的特点，是在表的基础上建立的一个虚拟表，它不能独立存在而被保存在数据库中。

2. 查询设计器

利用查询设计器创建查询，将数据源添加到查询设计器中后，需要设置如下选项卡的内容：

(1) 字段——设置查询结果中要包含的字段。

(2) 联接——多表查询时设置表间的联接条件。

(3) 筛选——设置查询条件。

(4) 排序依据——设置结果的排序字段和排序方式。

(5) 分组依据——设置分组字段和分组条件。

(6) 杂项——设置有无重复记录以及查询结果中显示的记录数。

利用"查询"菜单下的"查询去向"命令可以设置查询结果的去向(浏览、临时表、表、图形、屏幕、打印机、文本文件、报表、标签)。

3. 视图设计器

利用视图设计器创建视图，首先应该以"独占"方式打开保存视图的数据库，将数据源添加到视图设计器中后，需要设置如下选项卡的内容：

(1) 字段——设置查询结果中要包含的字段。

(2) 联接——多表查询时设置表间的联接条件。

(3) 筛选——设置查询条件。

(4) 排序依据——设置结果的排序字段和排序方式。

(5) 分组依据——设置分组字段和分组条件。

(6) 更新条件——设置表中的可更新字段和更新方式。

(7) 杂项——设置有无重复记录以及查询结果中显示的记录数。

实验内容

将学生个人移动存储设备上的 xsgl 文件夹设置为默认目录，完成如下实验内容：

(1) 利用查询设计器建立查询文件 query_bjb. qpr，从 customer. dbf、sales. dbf 和 products. dbf 表中查询笔记本电脑的销售情况。要求：查询结果包括 products. dbf 表中的产品编号、产品名称、生产厂商、品牌字段，customer. dbf 表中的客户字段，sales. dbf 表中的数量、单价和金额(金额＝单价×数量)字段；结果按"金额"降序排列；并将查询结果存到 bjbcx. dbf 表中。查询结果如图 1-5-1 所示。

(2) 在销售管理数据库 db_sale 中，利用视图设计器分别建立 3 个视图，每个视图都包含产品编号、产品名称、客户、销售时间、单价、数量 6 个字段，3 个视图的文件名分别为 report_cp、report_kh、report_xssj，其中，视图 report_cp 按产品编号升序排序，视图 report_kh 按客户升序排序，视图 report_xssj 按销售时间升序排序。包含视图的数据库如图 1-5-2 所示。

bjbcx

产品编号	产品名称	生产厂商	品牌	客户	数量	单价	金额
100201	笔记本电脑	东芝（中国）有限公司	东芝	中环商贸公司	3	4299.0	12897.0
100102	笔记本电脑	惠普	惠普	中兴电子	4	2999.0	11996.0
100102	笔记本电脑	惠普	惠普	海康电子	2	2999.0	5998.0
100102	笔记本电脑	惠普	惠普	哈尔滨广厦学院	1	2999.0	2999.0

图 1-5-1　文件 query_bjb.qpr 的查询结果

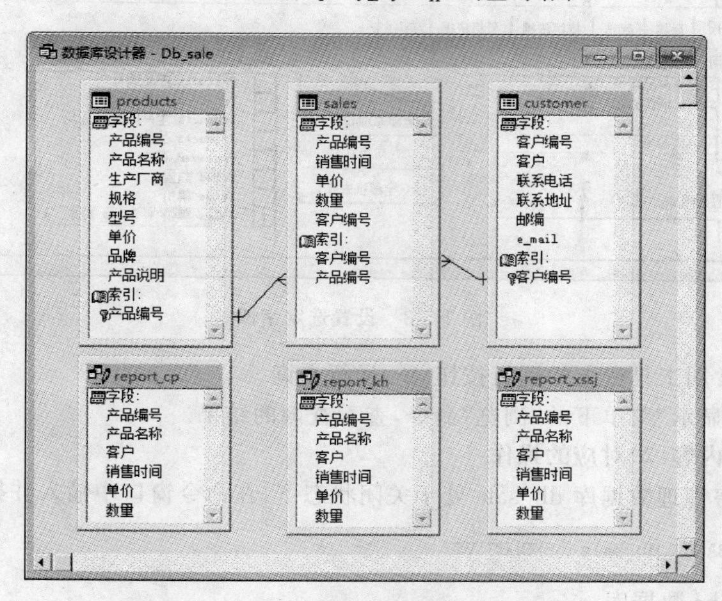

图 1-5-2　包含视图的数据库 db_sale.dbc

实验步骤

1. 与实验内容(1)对应的操作

(1) 打开 Visual FoxPro 6.0，将 xsgl 文件夹设置为默认目录，然后选择“文件”菜单中的“新建”命令，选择文件类型为“查询”，单击“新建文件”按钮，打开“查询设计器”窗口，并自动打开“打开”对话框，要求用户添加数据源。

(2) 将 Customer.dbf、Sales.dbf 和 Products.dbf 表依次添加到查询设计器中。

(3) 在查询设计器的“字段”选项卡下，将 Products 表的产品编号、产品名称、生产厂商、品牌字段，Customer 表的客户字段，Sales 表的数量、单价字段依次添加到“选定字段”列表框中，在“函数和表达式”文本框中输入“Sales.单价 * Sales.数量　as　金额”并添加到“选定字段”列表框中，如图 1-5-3 所示。

(4) 在“筛选”选项卡下设置筛选条件：Products.产品名称=“笔记本电脑”。

(5) 在“排序依据”选项卡下设置排序条件：金额，降序。

(6) 选择“查询”菜单下的“查询去向”命令，设置“输出去向”为“表”，输入表名 bjbcx.dbf，单击“确定”按钮。

(7) 选择“文件”菜单中的“保存”选项，在弹出的“另存为”对话框中将文档保存为 query_bjb.qpr。

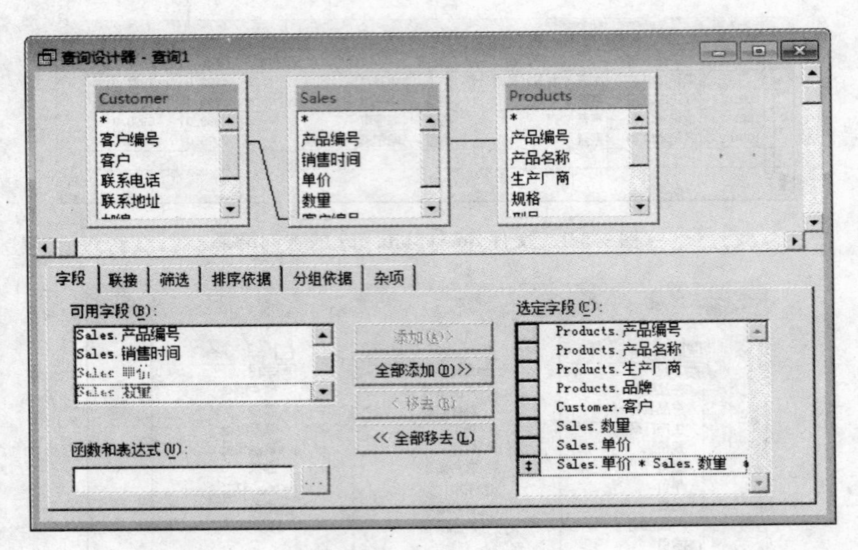

图 1-5-3　设置选定字段

(8) 单击常用工具栏上的运行按钮 **!** ,运行查询。

(9) 选择"显示"菜单下的"浏览"命令,查看查询的结果。

2. 与实验内容(2)对应的操作

(1) 在销售管理数据库 db_sale 处于关闭状态下,在命令窗口中输入并执行如下命令:

```
OPEN  DATABASE  db_sale  EXCLUSIVE
```

打开 db_sale. dbc 数据库。

(2) 选择"文件"菜单中的"新建"命令,选定文件类型为"视图",单击"新建文件"按钮,打开"视图设计器"窗口,并自动打开"添加表或视图"对话框,要求用户添加数据源。

(3) 将 Customer. dbf、Sales. dbf 和 Products. dbf 表依次添加到视图设计器中。

(4) 在视图设计器的"字段"选项卡下,将查询内容——Products. 产品编号、Products. 产品名称、Customer. 客户、Sales. 销售时间、Sales. 单价、Sales. 数量 6 个字段依次添加到"选定字段"列表框中。

(5) 在"排序依据"选项卡下设置排序条件: Products. 产品编号,升序。

(6) 选择"文件"菜单中的"保存"命令,在弹出的"保存"对话框中输入视图文件名 report_cp,视图创建完成,关闭视图设计器。

(7) 选择"文件"菜单中的"新建"命令,选择文件类型为"视图",单击"新建文件"按钮,打开"视图设计器"窗口,并自动打开"添加表或视图"对话框,要求用户添加数据源。

(8) 将 Customer. dbf、Sales. dbf 和 Products. dbf 表依次添加到视图设计器中。

(9) 在视图设计器的"字段"选项卡下,将查询内容——Products. 产品编号、Products. 产品名称、Customer. 客户、Sales. 销售时间、Sales. 单价、Sales. 数量 6 个字段依次添加到"选定字段"列表框中。

(10) 在"排序依据"选项卡下设置排序条件: Customer. 客户,升序。

(11) 选择"文件"菜单中的"保存"命令,在弹出的"保存"对话框中输入视图文件名 report_kh,视图创建完成,关闭视图设计器。

(12) 选择"文件"菜单中的"新建"命令，选择文件类型为"视图"，单击"新建文件"按钮，打开"视图设计器"窗口，并自动打开"添加表或视图"对话框，要求用户添加数据源。

(13) 将 Customer. dbf、Sales. dbf 和 Products. dbf 表依次添加到视图设计器中。

(14) 在视图设计器的"字段"选项卡下，将查询内容——Products. 产品编号、Products. 产品名称、Customer. 客户、Sales. 销售时间、Sales. 单价、Sales. 数量 6 个字段依次添加到"选定字段"列表框中。

(15) 在"排序依据"选项卡下设置排序条件：Sales. 销售时间，升序。

(16) 选择"文件"菜单中的"保存"命令，在弹出的"保存"对话框中输入视图文件名 report_xssj，视图创建完成，关闭视图设计器。

(17) 在命令窗口中输入并执行如下命令：

```
MODIFY DATABASE
```

查看视图的建立情况。

实验思考

(1) 通过实验内容思考查询与视图的异同点。

(2) 如果想更新视图，应如何设置？

实验 6 Visual FoxPro 表单设计(一)

实验目的

(1) 掌握 Visual FoxPro 6.0 中基本控件的作用及使用方法，熟悉其常用属性的意义。

(2) 掌握表单的建立、修改及运行方法。

(3) 掌握数据环境的设置方法。

(4) 掌握常用的事件。

(5) 掌握表单的设计和调试方法。

实验准备

1. 表单的常用属性、方法和事件

1) 表单属性(如表 1-6-1 所示)

表 1-6-1 表单属性

属 性	含 义	属 性	含 义
AutoCenter	控制表单初始化时是否让表单自动地在 Visual FoxPro 6.0 主窗口中居中	ShowWindow	控制表单是在屏幕中、悬浮在顶层表单中，还是作为顶层表单出现
BackColor	决定表单窗口的颜色	MinButton	控制表单是否具有最小化按钮
Caption	指定表单标题栏显示文本	Visible	控制表单是显示还是隐藏
MaxButton	控制表单是否具有最大化按钮	WindowState	指定表单窗口在运行时刻是最小化还是最大化

2）表单方法

(1) Release——释放：从内存中释放表单或表单集。

(2) Refresh——刷新：重新绘制表单或控件并刷新任何值。

(3) Hide——隐藏：通过设置 Visible 属性为“假”(.F.)，隐藏表单、表单集或工具栏。

(4) Show——显示：显示表单并指定该表单是模式的还是无模式的。

3）表单事件

(1) Load——用于表单和表单集，在创建表单之前发生。该事件代码从表单装入内存至表单被释放期间仅被运行一次。由于在该事件发生时还没有创建任何控件对象，因此在此事件中不能有对控件进行处理的代码，常使用 SET 命令组来设置系统运行的初始环境。

(2) Destroy——释放表单时触发该事件。该事件代码通常用来进行关闭文件、释放内存变量等工作。

(3) Init 事件——表单初始化时触发该事件。该事件代码从表单装入内存至表单被释放期间仅被运行一次。Init 代码通常用来完成一些关于表单的初始化工作。

(4) Unload——在表单被释放时发生，是释放表单或表单集的最后一个事件。

2. 表单的建立、修改和运行

1）建立表单

(1) 表单向导。

① 在“文件”菜单中选择“新建”命令或直接单击常用工具栏上的“新建”按钮，出现“新建”对话框，选择“表单”单选按钮，单击“向导”按钮。

② 在“工具”菜单中选择“向导”，在级联菜单中选择“表单”。

③ 在项目管理器中选择“文档”选项卡，选中“表单”，再单击“新建”按钮，在弹出的“新建表单”对话框中选择“表单向导”按钮。

(2) 表单设计器。

① 在“文件”菜单中选择“新建”命令或直接单击常用工具栏上的“新建”按钮，出现“新建”对话框，选择“表单”单选按钮，单击“新建文件”按钮。

② 在命令窗口中输入并执行命令：CREATE　FORM　[<表单文件名>]。

③ 在项目管理器中选择“文档”选项卡，用鼠标选中“表单”，再单击“新建”按钮，在弹出的“新建表单”对话框中选择“新建表单”按钮。

2）修改表单。

(1) 菜单方式。

选择“文件”→“打开”命令，设置文件类型为“表单”。

(2) 命令方式。

```
MODIFY  FORM  [<表单文件名>]
```

3）运行表单

(1) 菜单方式。

选择“程序”→“运行”命令，设置文件类型为“表单”。

(2) 命令方式。

```
DO FORM <表单文件名>
```

(3) 工具栏。

当前为表单设计器状态,单击常用工具栏按钮 ! 。

3. 表单中常用控件的种类及属性

Visual FoxPro 6.0 中的控件分为容器类和控件类两类。容器类控件可以包含其他对象,并且允许访问这些对象;容器类控件虽然在引用时可以视为一个整体,但无论是在设计阶段还是在运行阶段,其所包含的对象都是可以识别并可以单独操作的。控件类控件的封装比容器类控件更为严密,在该"类"中不能包含其他类。

1) 标签(Label)控件(如表 1-6-2 所示)

表 1-6-2 标签控件

属 性	含 义	属 性	含 义
Alignment	文本对齐方式	FontName	标签文本的字体
AutoSize	自动调节大小	FontSize	标签文本的字号
BackStyle	背景是否透明	ForeColor	标签文本的颜色
Caption	标题文本	Visible	指定对象可见还是隐藏

2) 命令按钮(Command)控件(如表 1-6-3 所示)

表 1-6-3 命令按钮控件

属 性	含 义	属 性	含 义
Caption	指定对象标题文本	Cancel	是否为"取消"按钮
Enabled	能否响应用户事件	Default	按 Enter 键的响应按钮

3) 文本框(Text)控件(如表 1-6-4 所示)

表 1-6-4 文本框控件

属 性	含 义	属 性	含 义
Alignment	文本对齐方式	PasswordChar	指定用作占位符的字符
ControlSource	对象的数据源	ReadOnly	指定用户能否编辑控件
Value	显示或接收的内容	InputMask	数据的输入或显示格式

4) 图像(Image)控件(如表 1-6-5 所示)

表 1-6-5 图像控件

属 性	含 义
Picture	指定显示在控件上的图形或字段
BorderStyle	指定对象的边框样式
Stretch	设置尺寸调整方式(剪裁、等比填充、变比填充)

5）计时器(Timer)控件(如表 1-6-6 所示)

表 1-6-6　计时器控件

属　性	含　义
Enabled	是否立即启动
Interval	设置计时器事件之间的时间间隔(单位：毫秒)

4. 表单对象的引用

格式：

<对象名>.<属性名>|<方法名>|<事件名>

可以用下面列出的这些关键字来引用对象。

(1) Parent：引用对象的直接容器对象。

(2) This：引用对象本身。

(3) Thisform：引用包容这个对象的表单。

(4) ThisformSet：引用包容这个对象的表单所属的表单集。

5. 数据环境

数据环境是用来存放与表单对象建立联系的数据源。

在表单空白处右击，从弹出的快捷菜单中选择“数据环境”命令，出现数据环境设计器(或者选择“显示”菜单下的“数据环境”命令)；在数据环境设计器中右击，选择“添加”命令(或者选择“数据环境”菜单下的“添加”命令)，在出现的对话框中选择数据源，单击“添加”按钮可以向数据环境设计器中添加数据源；选择“关闭”按钮退出数据环境的设置。

实验内容

将学生个人移动存储设备上的 xsgl 文件夹设置为默认目录，完成如下实验内容：

(1) 创建主表单 main. scx。要求：该表单背景为一张图片“123. jpg”，并加载为顶层表单。“主表单”的运行界面如图 1-6-1 所示。

图 1-6-1　主表单运行界面

(2) 创建登录表单 check. scx。要求：在文本框中输入正确的用户名和密码，即可登录到主表单；若用户名或密码有误则弹出相应的报错信息，连续登录 3 次用户名或密码仍有错误，则不允许登录。登录表单的运行界面如图 1-6-2 所示。

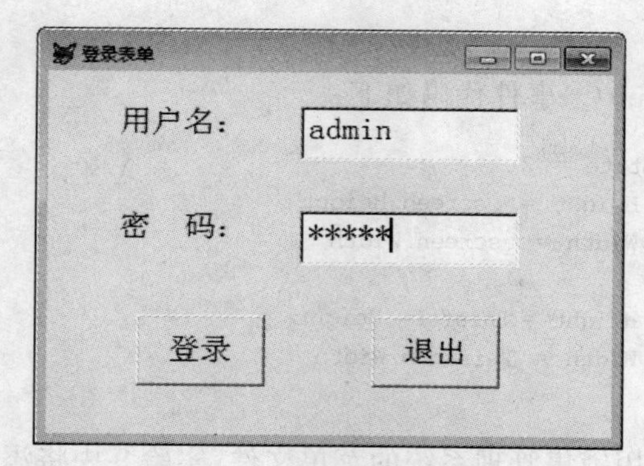

图 1-6-2　登录表单运行界面

(3) 创建欢迎表单 welcome. scx。要求：若用户单击表单或图像，或按下键盘任意键，或用户 3 秒内未作任何操作，则自动执行登录表单 check. scx，并关闭欢迎表单。该表单有一个图像控件，用于显示背景图片"backpic. jpg"；两个标签控件，分别显示"销售管理系统"和"版权所有，侵权必究"；一个计时器控件。欢迎表单的运行界面如图 1-6-3 所示。

图 1-6-3　欢迎表单运行界面

实验步骤

1. 与实验内容(1)对应的操作

(1) 打开 Visual FoxPro 6.0，将 xsgl 文件夹设置为默认目录，然后选择"文件"菜单中的"新建"命令，在"新建"对话框中选择文件类型为"表单"，单击"新建文件"按钮，打开"表单设计器"。

(2) 利用"表单控件工具栏"在表单中添加一个图像控件。

(3) 在"属性"窗口中分别为各个控件设置属性，如表 1-6-7 所示。

表 1-6-7　表单中控件的属性设置

对象名	属　　性	对象名	属　　性
Form1	AutoCenter：. T. -真 Caption：销售管理 ShowWindow：2-作为顶层表单 WindowState：2-最大化	Image1	Left：0 Top：0 Stretch：2-变比填充 Picture：123. jpg(包括路径)

(4) 主要事件。

表单(Form1)的 Paint( )事件代码如下：

```
IF  Thisform.WindowState = 2
    Thisform.Image1.Height = _screen.Height
    Thisform.Image1.Width = _screen.Width
ELSE
    Thisform.Image1.Height = Thisform.Height
    Thisform.Image1.Width = Thisform.Width
ENDIF
```

该顶层表单用于调用销售管理系统的菜单文件，实验 9 中将添加其他的事件代码。

(5) 选择“文件”菜单中的“保存”命令保存表单，表单文件名为 main.scx。

2. 与实验内容(2)对应的操作

(1) 选择“文件”菜单中的“新建”命令，在“新建”对话框中选定文件类型为“表单”，单击“新建文件”按钮，打开“表单设计器”。

(2) 选择“显示”菜单中的“数据环境”命令，在“打开”对话框中将 user.dbf 表添加到表单的数据环境设计器中，关闭“添加表或视图”对话框。

(3) 利用“表单控件工具栏”在表单中添加两个标签、两个文本框、两个命令按钮控件。

(4) 在“属性”窗口中分别为各个控件设置属性，如表 1-6-8 所示。属性设置后的表单界面如图 1-6-4 所示。

表 1-6-8 表单中控件的属性设置

对象名	属　性
Form1	Caption：登录表单
Label1	Caption：用户名： FontSize：16
Label2	Caption：密码： FontSize：16
Command1	Caption：登录 FontSize：16
Command2	Caption：退出 FontSize：16
Text1	FontSize：16
Text2	PasswordChar：* FontSize：16

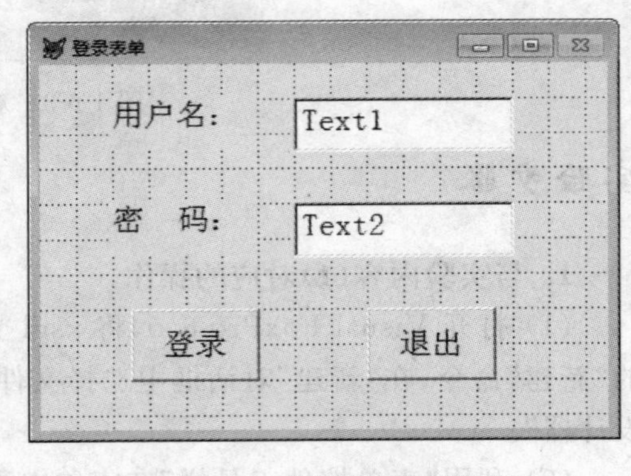

图 1-6-4 设置属性后的界面

(5) 主要事件。

表单(Form1)的 Init( )事件代码如下：

```
PUBLIC  logtime , logright
logtime = 0
```

单击“退出”按钮时，关闭“用户登录”界面，因此，“退出”按钮(Command2)的 Click( )事件代码如下：

```
Thisform.Release
```

单击“登录”按钮时，验证用户信息是否正确，并显示相应的信息框提示用户，因此，“登录”按钮(Command1)的Click( )事件代码如下：

```
name = ALLTRIM(Thisform.Text1.Value)
password = ALLTRIM(Thisform.Text2.Value)
IF USED("user")
    SELECT user
ELSE
    USE user
ENDIF
SET ORDER TO 用户名
SEEK name
IF ALLTRIM(user.用户名) == name
    IF ALLTRIM(user.密码) == password
        logright = user.权限等级
        USE
        DO FORM main
        Thisform.Release
    ELSE
        logtime = logtime + 1
        answer = MESSAGEBOX("密码错误,请重新登录",36,"登录失败")
        DO CASE
            CASE answer = 6
                Thisform.Text2.Value = ""
                Thisform.Text2.Setfocus
            CASE answer = 7
                = MESSAGEBOX("登录失败",36,"登录失败")
                Thisform.Release
        ENDCASE
        IF logtime = 3
            = MESSAGEBOX("非法用户,登录失败")
            Thisform.Release
        ENDIF
    ENDIF
ELSE
    logtime = logtime + 1
    answer = MESSAGEBOX("用户名错误,请重新登录",36,"登录失败")
    DO CASE
        CASE answer = 6
            Thisform.Text1.Value = ""
            Thisform.Text2.Value = ""
            Thisform.Text1.Setfocus
        CASE answer = 7
            = MESSAGEBOX("登录失败",36,"登录失败")
            Thisform.Release
    ENDCASE
    IF logtime = 3
        = MESSAGEBOX("非法用户,登录失败")
        Thisform.Release
```

```
    ENDIF
ENDIF
```

(6) 选择“文件”菜单中的“保存”命令保存表单，表单文件名为 check. scx。

3. 与实验内容(3)对应的操作

(1) 选择“文件”菜单中的“新建”命令，在“新建”对话框中选定文件类型为“表单”，单击“新建文件”按钮，打开“表单设计器”。

(2) 利用“表单控件工具栏”在表单中添加一个图像控件、两个标签控件和一个计时器控件。

(3) 在“属性”窗口中分别为各个控件设置属性，如表 1-6-9 所示。属性设置后的表单界面如图 1-6-5 所示。

表 1-6-9　表单中控件的属性设置

对象名	属　　性	对象名	属　　性
Form1	AutoCenter：. T. -真 Caption：欢迎界面	Label2	Autosize：. T. -真 BackStyle：0-透明 Caption：版权所有，侵权必究 FontName：华文彩云 FontSize：16 ForeColor：255,0,128
Image1	Stretch：2-变比填充 Picture：backpic. jpg(包括路径)		
Label1	Autosize：. T. -真 BackStyle：0-透明 Caption：销售管理系统 FontName：华文彩云 FontSize：36 ForeColor：255,0,128	Timer1	Interval：1000

图 1-6-5　设置属性后的界面

(4) 主要事件。

① 表单(Form1)的 Click( )事件代码如下：

```
DO  FORM  check
Thisform. Release
```

② 表单(Form1)的 Init( )事件代码如下：

```
PUBLIC  tt
tt = 0
```

③ 表单(Form1)的 KeyPress( )事件代码如下：

```
LPARAMETERS  nKeyCode , nShiftAltCtrl
DO  FORM  check
Thisform.Release
```

④ 图像(Image1)的 Click( )事件代码如下：

```
DO  FORM  check
Thisform.Release
```

⑤ 计时器(Timer1)的 Timer( )事件代码如下：

```
tt = tt + 1
IF  tt = 3
    DO  FORM  check
    Thisform.Release
ENDIF
```

(5) 选择"文件"菜单中的"保存"命令保存表单，表单文件名为 welcome.scx。

实验思考

(1) 结合表单设计实例说明"事件驱动"的编程思想。
(2) 说明表单中常用事件的触发顺序。

实验 7 Visual FoxPro 表单设计(二)

实验目的

(1) 掌握 Visual FoxPro 6.0 中基本控件的作用及使用方法，熟悉其常用属性的意义。
(2) 掌握表单的建立、修改及运行方法。
(3) 掌握数据环境的设置方法。
(4) 掌握常用的事件。
(5) 掌握表单的设计和调试方法。

实验准备

1. 编辑框(Edit)控件(如表 1-7-1 所示)

表 1-7-1 编辑框控件

属　性	含　义	属　性	含　义
AllowTabs	控件中能否使用 Tab 键	ScrollBar	指定滚动条类型
ControlSource	对象的数据源	SelLength	选定的字符数目
HideSelection	失去焦点时，选定的文本是否仍显示选定状态	SelStart	用户选择文本的起始点
ReadOnly	指定用户能否编辑控件	SelText	用户选定的文本

2. 页框(Pageframe)控件(如表 1-7-2 所示)

表 1-7-2　页框控件

属　性	含　义
ActivePage	返回页框中活动页的页码
PageCount	指定页框中所含的页数目
TabStretch	指定页框控件不能容纳选项卡时的行为(1——单行,0——多重行)

3. 表格(Grid)控件(如表 1-7-3 所示)

表 1-7-3　表格控件

属　性	含　义
RecordSource	指定表格数据源
RecordSourceType	指定与表格关联的数据源类型
AllowAddNew	指定是否可以将表格中的新记录添加到表中

实验内容

将学生个人移动存储设备上的 xsgl 文件夹设置为默认目录,完成如下实验内容:

(1) 创建客户信息管理表单 customer. scx。要求:该表单包含一个命令按钮(“退出”)控件、一个页框控件。页框控件包含两个页面:第一个页面(“客户一览”)能够对客户信息进行浏览,添加新的客户信息,修改当前客户信息,删除当前客户信息,运行界面如图 1-7-1 所示;第二个页面(“客户查询”)能够按照输入的客户名称查询相应的客户信息,运行界面如图 1-7-2 所示。“退出”按钮用于关闭表单。

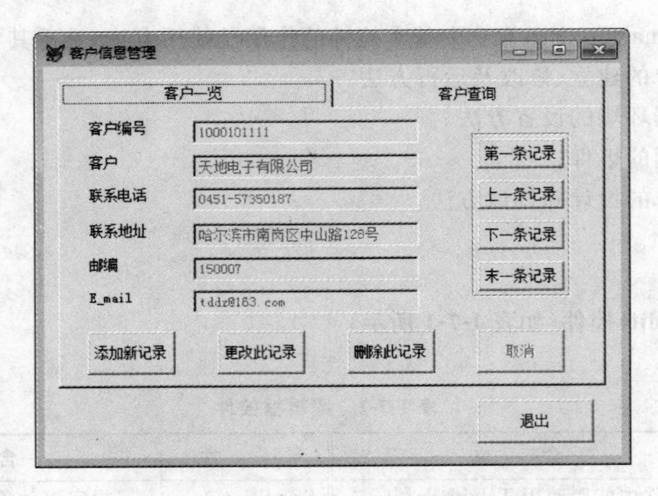

图 1-7-1　客户一览运行界面

(2) 创建产品信息管理表单 product. scx。要求:该表单包含一个“命令按钮组”控件、一个“表格”控件。该表单可显示、添加、更改和删除“产品信息表”(products. dbf)中的信

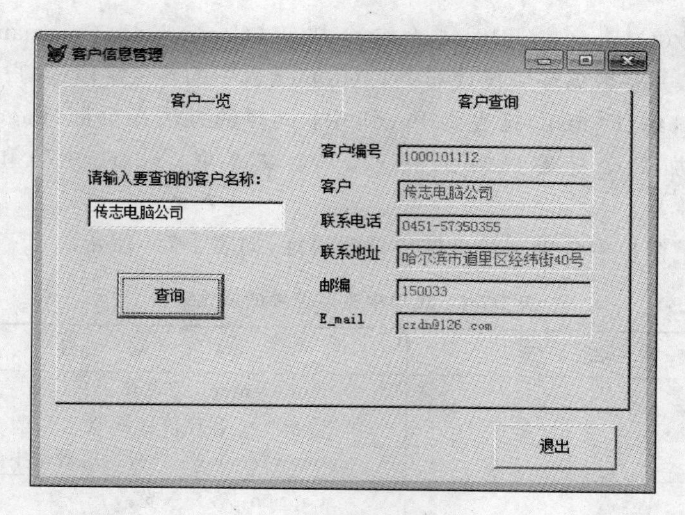

图 1-7-2　客户查询运行界面

息，单击“确定”按钮完成相应的添加、更改和删除操作，单击“取消”按钮退出表单。产品信息管理的运行界面如图 1-7-3 所示。

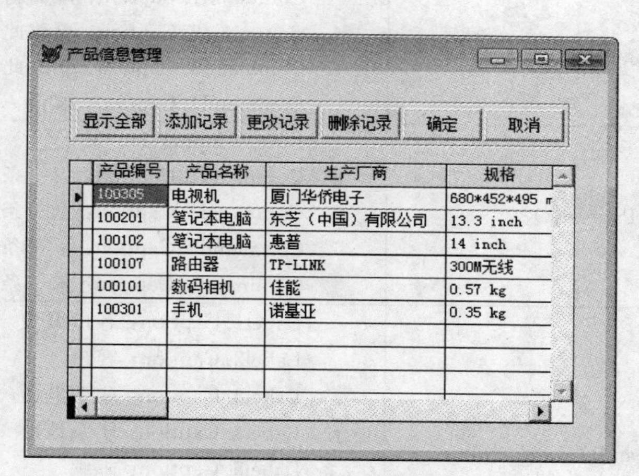

图 1-7-3　产品信息管理运行界面

实验步骤

1. 与实验内容(1)对应的操作

(1) 打开 Visual FoxPro 6.0，将 xsgl 文件夹设置为默认目录，然后选择“文件”菜单中的“新建”命令，在“新建”对话框中选择文件类型为“表单”，单击“新建文件”按钮，打开“表单设计器”。

(2) 选择“显示”菜单中的“数据环境”命令，将 Customer.dbf 表添加到表单的数据环境设计器中。

(3) 利用“表单控件工具栏”在表单中添加一个页框控件和一个命令按钮控件。在“属性”窗口的控件列表框中选择页框(PageFrame1)控件的 Page1 页面，然后在 Page1 中添加一个命令按钮组(OptionGroup1)、4个命令按钮(Command1、Command2、Command3、Command4)控件，并将数据环境设计器中Customer表中的各个字段(客户编号、客户、联系电话、联系地址、邮编、E_mail)拖曳到Page1中；同样的方法在页框(PageFrame1)控件的Page2页面中添加7个标签(Label1～7)、7个文本框(Text1～7)和一个命令按钮(Command1)控件。

(4) 在“属性”窗口中分别为各个控件设置属性，如表1-7-4所示。

表1-7-4　表单中主要控件的属性设置

对象名	属性
Form1	AutoCenter：.T.-真 Caption：客户信息管理 ShowWindow：1-在顶层表单中
Page1	Caption：客户一览
Page2	Caption：客户查询
Command1(Form1中)	Caption：退出
Command1～4(Page1中)	Command1. Caption：添加新记录 Command2. Caption：更改此记录 Command3. Caption：删除此记录 Command4. Caption：取消
Commandgroup1(Page1中)	ButtonCount：4 Command1. Caption：第一条记录 Command2. Caption：上一条记录 Command3. Caption：下一条记录 Command4. Caption：末一条记录
Label1～7、Command1(Page2中)	Label1. Caption：客户编号 Label2. Caption：客户 Label3. Caption：联系电话 Label4. Caption：联系地址 Label5. Caption：邮编 Label6. Caption：E-mail Label7. Caption：请输入要查询的客户名称： Command1. Caption：查询

此外，将页面Page1中的七个文本框和“取消”按钮(Command4)的Enabled属性设置为“.F.-假”；将页面Page2中的六个文本框(Text1～6)的Enabled属性设置为“.F.-假”；其他属性自己根据实际情况设置。设置好各属性后的页面分别如图1-7-4和图1-7-5所示。

(5) 主要事件。

① 表单(Form1)的Init( )事件代码如下：

```
PUBLIC  mm(6)
CLOSE  TABLES
USE  customer  EXCLUSIVE
```

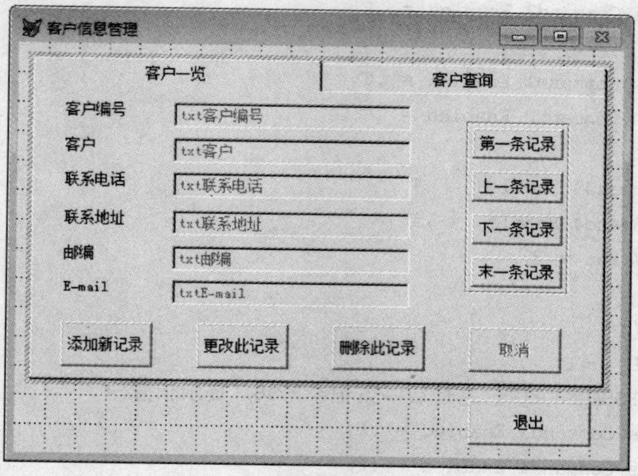

图 1-7-4　客户一览设置属性后的界面

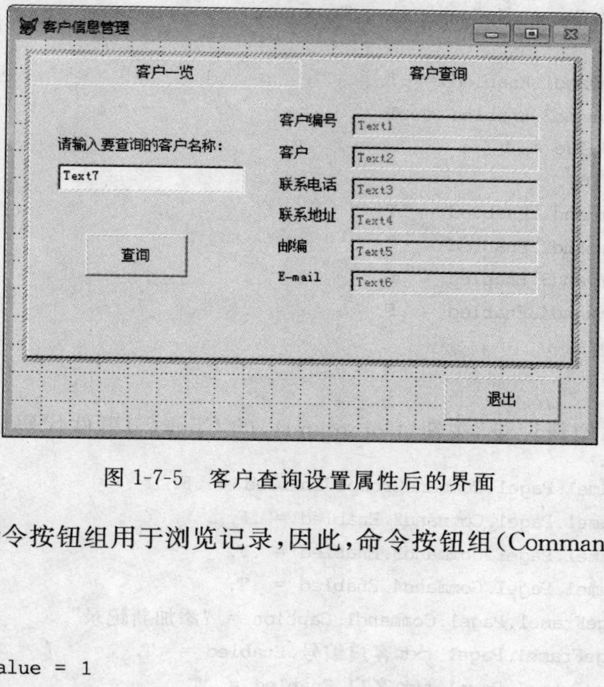

图 1-7-5　客户查询设置属性后的界面

② Page1 中的命令按钮组用于浏览记录，因此，命令按钮组(CommandGroup1)的 Click( ) 事件代码如下：

```
DO  CASE
    CASE  This.Value  =  1
        GO  TOP
        This.Command1.Enabled  =  .F.
        This.Command2.Enabled  =  .F.
        This.Command3.Enabled  =  .T.
        This.Command4.Enabled  =  .T.
    CASE  This.Value  =  2
        SKIP  -1
        IF  BOF()
            = MESSAGEBOX("已是第一条记录",48,"提示信息")
            This.Command1.Enabled  =  .F.
```

```
            This.Command2.Enabled = .F.
        ELSE
            This.Command1.Enabled = .T.
            This.Command2.Enabled = .T.
        ENDIF
        This.Command3.Enabled = .T.
        This.Command4.Enabled = .T.
    CASE  This.Value = 3
        SKIP
        IF  EOF()
            SKIP  -1
            =MESSAGEBOX("已是最后一条记录",48,"提示信息")
            This.Command3.Enabled = .F.
            This.Command4.Enabled = .F.
        ELSE
            This.Command3.Enabled = .T.
            This.Command4.Enabled = .T.
        ENDIF
        This.Command1.Enabled = .T.
        This.Command2.Enabled = .T.
    CASE  This.Value = 4
        GO  BOTTOM
        This.Command1.Enabled = .T.
        This.Command2.Enabled = .T.
        This.Command3.Enabled = .F.
        This.Command4.Enabled = .F.
ENDCASE
Thisform.Refresh
```

③ Page1 中“添加新记录”按钮(Command1)的 Click( )事件代码如下：

```
Thisform.PageFrame1.Page1.CommandGroup1.Enabled = .F.
Thisform.PageFrame1.Page1.Command2.Enabled = .F.
Thisform.PageFrame1.Page1.Command3.Enabled = .F.
Thisform.PageFrame1.Page1.Command4.Enabled = .T.
IF  Thisform.PageFrame1.Page1.Command1.Caption = "添加新记录"
    Thisform.PageFrame1.Page1.txt客户编号.Enabled = .T.
    Thisform.PageFrame1.Page1.txt客户.Enabled = .T.
    Thisform.PageFrame1.Page1.txt联系电话.Enabled = .T.
    Thisform.PageFrame1.Page1.txt联系地址.Enabled = .T.
    Thisform.PageFrame1.Page1.txt邮编.Enabled = .T.
    Thisform.PageFrame1.Page1.txtE_mail.Enabled = .T.
    APPEND  BLANK
    Thisform.PageFrame1.Page1.txt客户编号.Value = ""
    Thisform.PageFrame1.Page1.txt客户.Value = ""
    Thisform.PageFrame1.Page1.txt联系电话.Value = ""
    Thisform.PageFrame1.Page1.txt联系地址.Value = ""
    Thisform.PageFrame1.Page1.txt邮编.Value = ""
```

```
     Thisform.PageFrame1.Page1.txtE_mail.Value = ""
     Thisform.PageFrame1.Page1.Command1.Caption = "添加确认"
     Thisform.PageFrame1.Page1.Command1.Refresh
ELSE
     Thisform.PageFrame1.Page1.Command1.Caption = "添加新记录"
     Thisform.PageFrame1.Page1.Command1.Refresh
     Thisform.PageFrame1.Page1.CommandGroup1.Enabled = .T.
     Thisform.PageFrame1.Page1.Command2.Enabled = .T.
     Thisform.PageFrame1.Page1.Command3.Enabled = .T.
     Thisform.PageFrame1.Page1.Command4.Enabled = .F.
     Thisform.PageFrame1.Page1.txt客户编号.Enabled = .F.
     Thisform.PageFrame1.Page1.txt客户.Enabled = .F.
     Thisform.PageFrame1.Page1.txt联系电话.Enabled = .F.
     Thisform.PageFrame1.Page1.txt联系地址.Enabled = .F.
     Thisform.PageFrame1.Page1.txt邮编.Enabled = .F.
     Thisform.PageFrame1.Page1.txtE_mail.Enabled = .F.
ENDIF
```

④ Page1 中“更改此记录”按钮(Command2)的 Click( )事件代码如下：

```
Thisform.PageFrame1.Page1.CommandGroup1.Enabled = .F.
Thisform.PageFrame1.Page1.Command1.Enabled = .F.
Thisform.PageFrame1.Page1.Command3.Enabled = .F.
Thisform.PageFrame1.Page1.Command4.Enabled = .T.
SCATTER  TO  mm
IF  Thisform.PageFrame1.Page1.Command2.Caption = "更改此记录"
     Thisform.PageFrame1.Page1.txt客户编号.Enabled = .T.
     Thisform.PageFrame1.Page1.txt客户.Enabled = .T.
     Thisform.PageFrame1.Page1.txt联系电话.Enabled = .T.
     Thisform.PageFrame1.Page1.txt联系地址.Enabled = .T.
     Thisform.PageFrame1.Page1.txt邮编.Enabled = .T.
     Thisform.PageFrame1.Page1.txtE_mail.Enabled = .T.
     Thisform.PageFrame1.Page1.Command2.Caption = "更改确认"
     Thisform.PageFrame1.Page1.Command2.Refresh
ELSE
     Thisform.PageFrame1.Page1.Command2.Caption = "更改此记录"
     Thisform.PageFrame1.Page1.Command1.Refresh
     Thisform.PageFrame1.Page1.CommandGroup1.Enabled = .T.
     Thisform.PageFrame1.Page1.Command1.Enabled = .T.
     Thisform.PageFrame1.Page1.Command3.Enabled = .T.
     Thisform.PageFrame1.Page1.Command4.Enabled = .F.
     Thisform.PageFrame1.Page1.txt客户编号.Enabled = .F.
     Thisform.PageFrame1.Page1.txt客户.Enabled = .F.
     Thisform.PageFrame1.Page1.txt联系电话.Enabled = .F.
     Thisform.PageFrame1.Page1.txt联系地址.Enabled = .F.
     Thisform.PageFrame1.Page1.txt邮编.Enabled = .F.
     Thisform.PageFrame1.Page1.txtE_mail.Enabled = .F.
ENDIF
```

⑤ Page1 中“删除此记录”按钮(Command3)的 Click( )事件代码如下：

```
answer = MESSAGEBOX("确定删除此记录?",33,"确定删除")
IF  answer = 1
    DELETE
    PACK
    Thisform.Refresh
ENDIF
```

⑥ Page1 中“取消”按钮(Command4)的 Click( )事件代码如下：

```
IF  Thisform.PageFrame1.Page1.command1.Caption = "添加确认"
    DELETE
    PACK
    GO  BOTTOM
    Thisform.PageFrame1.Page1.Command1.Caption = "添加新记录"
    Thisform.Refresh
ENDIF
IF  Thisform.PageFrame1.Page1.command2.Caption = "更改确认"
    GATHER  FROM  mm
    Thisform.PageFrame1.Page1.Command2.Caption = "更改此记录"
    Thisform. Refresh
ENDIF
Thisform.PageFrame1.Page1.CommandGroup1.Enabled = .T.
Thisform.PageFrame1.Page1.Command1.Enabled = .T.
Thisform.PageFrame1.Page1.Command2.Enabled = .T.
Thisform.PageFrame1.Page1.Command3.Enabled = .T.
Thisform.PageFrame1.Page1.Command4.Enabled = .F.
Thisform.PageFrame1.Page1.txt 客户编号.Enabled = .F.
Thisform.PageFrame1.Page1.txt 客户.Enabled = .F.
Thisform.PageFrame1.Page1.txt 联系电话.Enabled = .F.
Thisform.PageFrame1.Page1.txt 联系地址.Enabled = .F.
Thisform.PageFrame1.Page1.txt 邮编.Enabled = .F.
Thisform.PageFrame1.Page1.txtE_mail.Enabled = .F.
```

⑦ Page2 中“查询”按钮(Command1)的 Click( )事件代码如下：

```
SELECT  customer
GO  TOP
aa = ALLTRIM(Thisform.PageFrame1.Page2.Text7.Value)
LOCATE  FOR  aa $ 客户
IF  FOUND()
    Thisform.PageFrame1.Page2.Text1.Value = 客户编号
    Thisform.PageFrame1.Page2.Text2.Value = 客户
    Thisform.PageFrame1.Page2.Text3.Value = 联系电话
    Thisform.PageFrame1.Page2.Text4.Value = 联系地址
    Thisform.PageFrame1.Page2.Text5.Value = 邮编
    Thisform.PageFrame1.Page2.Text6.Value = E_mail
    Thisform.Refresh
ELSE
    = MESSAGEBOX("没找到相关记录!",48,"查询记录")
ENDIF
```

⑧ 表单中“退出”按钮(Command1)的 Click( )事件代码如下：

```
Thisform.Release
```

(6) 选择“文件”菜单中的“保存”命令保存表单，表单文件名为 customer.scx。

2. 与实验内容(2)对应的操作

(1) 选择“文件”菜单中的“新建”命令，在“新建”对话框中选定文件类型为“表单”，单击“新建文件”按钮，打开“表单设计器”。

(2) 选择“显示”菜单中的“数据环境”命令，将 products.dbf 表添加到表单的数据环境设计器中。

(3) 利用“表单控件工具栏”在表单中添加一个命令按钮组(CommandGroup1)和一个表格(Grid1)控件。

(4) 在“属性”窗口中为表单(Form1)和表格(Grid1)控件设置属性，如表 1-7-5 所示。

表 1-7-5　表单中主要控件的属性设置

对象名	属　性
Form1	AutoCenter：.T.-真 Caption：产品信息管理 ShowWindow：1-在顶层表单中
Grid1	ReadOnly：.T.-真

在命令按钮组(CommandGroup1)上右击，在弹出的快捷菜单中选择“生成器”命令，在打开的“命令组生成器”对话框中修改命令按钮组的属性，如图 1-7-6 和图 1-7-7 所示。

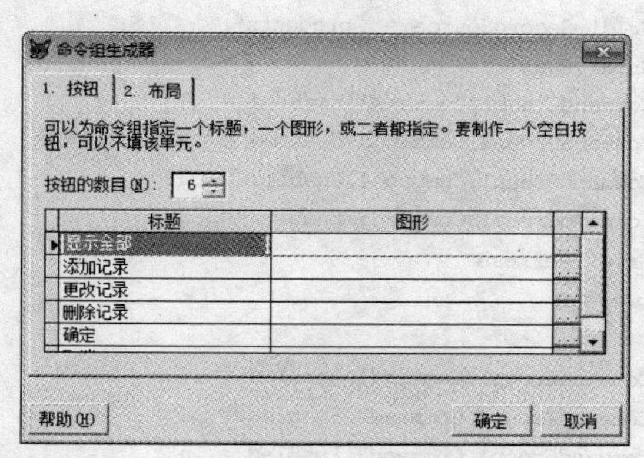

图 1-7-6　命令组生成器的“按钮”选项卡设置

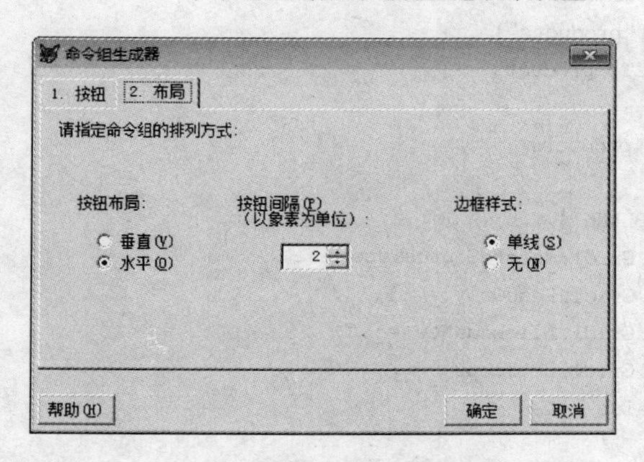

图 1-7-7　命令组生成器的“布局”选项卡设置

① 按钮的数目：6。

② 各个按钮(Command1～6)的标题：显示全部、添加记录、更改记录、删除记录、确定、取消。

③ 按钮布局：水平。

(5) 主要事件。

① 表单(Form1)的 Init( )事件代码如下：

```
PUBLIC  pno,cz,mm(8)
pno = ""
cz = 0
CLOSE  TABLES
USE  products  EXCLUSIVE
Thisform.CommandGroup1.Command2.Enabled = .F.
Thisform.CommandGroup1.Command3.Enabled = .F.
Thisform.CommandGroup1.Command4.Enabled = .F.
Thisform.CommandGroup1.Command5.Enabled = .F.
```

② 命令按钮组(CommandGroup1)的 Click( )事件代码如下：

```
DO  CASE
    CASE  This.Value = 1
        Thisform.Grid1.RecordSourceType = 1
        Thisform.Grid1.RecordSource = "products"
        Thisform.Grid1.ReadOnly = .T.
        Thisform.CommandGroup1.Command2.Enabled = .T.
        Thisform.CommandGroup1.Command3.Enabled = .T.
        Thisform.CommandGroup1.Command4.Enabled = .T.
        Thisform.CommandGroup1.Command5.Enabled = .T.
        Thisform.Grid1.Refresh
    CASE  This.Value = 2
        cz = 1
        Thisform.CommandGroup1.Command1.Enabled = .F.
        Thisform.CommandGroup1.Command2.Enabled = .F.
        Thisform.CommandGroup1.Command3.Enabled = .F.
        Thisform.CommandGroup1.Command4.Enabled = .F.
        IF  USED("products")
            SELECT  products
        ELSE
            USE  products
        ENDIF
        APPEND  BLANK
        Thisform.Grid1.RecordSourceType = 1
        Thisform.Grid1.ReadOnly = .F.
        Thisform.Grid1.AllowAddNew = .T.
        Thisform.Grid1.SetFocus
    CASE  This.Value = 3
        cz = 2
        Thisform.Grid1.ReadOnly = .F.
```

```
        SCATTER  TO  mm
        Thisform.CommandGroup1.Command1.Enabled = .F.
        Thisform.CommandGroup1.Command2.Enabled = .F.
        Thisform.CommandGroup1.Command3.Enabled = .F.
        Thisform.CommandGroup1.Command4.Enabled = .F.
    CASE  This.Value = 4
        cz = 3
        Thisform.Grid1.ReadOnly = .F.
        Thisform.CommandGroup1.Command1.Enabled = .F.
        Thisform.CommandGroup1.Command2.Enabled = .F.
        Thisform.CommandGroup1.Command3.Enabled = .F.
        Thisform.CommandGroup1.Command4.Enabled = .F.
        pno = products.产品编号
        answer = MESSAGEBOX("确定删除该记录吗?")
        IF  answer = 1
            DELETE  FROM  products  WHERE  products.产品编号 = pno
        ENDIF
        Thisform.Grid1.RecordSourceType = 1
        Thisform.Grid1.RecordSource = "products"
        Thisform.Refresh
    CASE  This.Value = 5
        PACK
        Thisform.Grid1.ReadOnly = .T.
        Thisform.CommandGroup1.Command1.Enabled = .T.
        Thisform.CommandGroup1.Command2.Enabled = .T.
        Thisform.CommandGroup1.Command3.Enabled = .T.
        Thisform.CommandGroup1.Command4.Enabled = .T.
        Thisform.Grid1.RecordSourceType = 1
        Thisform.Grid1.RecordSource = "products"
    CASE  This.Value = 6
        IF  cz = 1
            DELETE
            PACK
        ENDIF
        IF  cz = 2
            GATHER  FROM  mm
        ENDIF
        IF  cz = 3
            RECALL
        ENDIF
        Thisform.Release
ENDCASE
```

(6) 选择“文件”菜单中的“保存”命令保存表单,表单文件名为 product.scx。

实验思考

(1) 在实验内容(1)中,若将“客户一览”页面中的命令按钮组的功能用 4 个命令按钮实现,事件代码应该如何处理?

(2) 在实验内容(1)"客户查询"页面中,客户名称由用户从文本框控件中手工输入,如果想从一个列表中的现有客户中选择,应该使用什么控件?"查询"按钮的事件代码应该如何修改?

实验8　Visual FoxPro表单设计(三)

实验目的

(1) 掌握Visual FoxPro 6.0中基本控件的作用及使用方法,熟悉其常用属性的意义。
(2) 掌握表单的建立、修改及运行方法。
(3) 掌握数据环境的设置方法。
(4) 掌握常用的事件。
(5) 掌握表单的设计和调试方法。

实验准备

1. 复选框(Check)控件(如表1-8-1所示)

表1-8-1　复选框控件

属　　性	含　　义	属　　性	含　　义
Caption	标题文本	Value	复选框的状态
ControlSource	数据源	Style	复选框的外观

2. 选项按钮组(OptionGroup)控件(如表1-8-2所示)

表1-8-2　选项按钮组控件

属　　性	含　　义	属　　性	含　　义
ButtonCount	选项按钮的数目	BackStyle	背景是否透明
BorderStyle	选项按钮组的边框	Value	被选中的按钮序号

3. 组合框(Combo)控件(如表1-8-3所示)

表1-8-3　组合框控件

属　　性	含　　义
ControlSource	指定用于保存用户选择或输入值的表字段
DisplayCount	指定在列表中允许显示的最大数目
InputMask	对于下拉组合框,指定允许输入的数值类型
RowSource	指定组合框中数据的来源
RowSourceType	指定组合框中数据源的类型
Style	指定组合框的类型(0——下拉组合框,2——下拉列表框)
Column	指定组合框包含的列数

4. 列表框(List)控件(如表 1-8-4 所示)

表 1-8-4 列表框控件

属 性	含 义
ColumnCount	指定列表框包含的列数
ListCount	指定列表框选项的个数
List	指定用以存取列表框中选项的字符串数组
ControlSource	指定用户从列表中选择的值保存在何处
MoverBars	指定列表框控件内是否显示滚动条
MultiSelect	指定用户能否从列表中进行多选
RowSource	指定列表框中数据的来源
RowSourceType	指定列表框中数据源的类型
Selected	指定列表框中的某个选项是否处于选定状态

5. 线条(Line)控件(如表 1-8-5 所示)

表 1-8-5 线条控件

属 性	含 义	属 性	含 义
BorderWidth	线条的粗细	LineSlant	线条的倾斜方向(/、\)
Height	线条的对角矩形的高度	BorderColor	线条的颜色
Width	线条的对角矩形的宽度		

6. 形状(Shape)控件(如表 1-8-6 所示)

表 1-8-6 形状控件

属 性	含 义
Curvature	指定形状控件的角的曲率(0～99)
FillStyle	指定是否填充线图
SpecialEffect	指定线图是平面图还是三维图

7. 微调(Spinner)控件(如表 1-8-7 所示)

表 1-8-7 微调控件

属 性	含 义	属 性	含 义
Increment	增量值	Value	当前值
SpinnerHighValue	单击向上按钮的最大值	SpinnerLowValue	单击向下按钮的最小值

实验内容

将学生个人移动存储设备上的 xsgl 文件夹设置为默认目录,完成如下实验内容:

(1) 在销售管理数据库 db_sale 中,利用视图设计器建立一个名为"视图 1"的视图文件,实现对销售信息的管理。要求:视图中包含 Sales. 产品编号、Products. 产品名称、Customer. 客户、Sales. 销售时间、Sales. 单价、Sales. 数量 6 个字段,并将销售时间、单价、数量设置为可更新字段。

(2) 创建销售信息管理表单 sell. scx。要求：该表单包含一个命令按钮(“退出”)控件、一个页框控件。页框控件包含两个页面：第一个页面(“销售信息一览”)可对销售信息(视图 1)进行浏览、添加、更改和删除操作，运行界面如图 1-8-1 所示；第二个页面(“销售信息报表”)可按不同的字段排序预览或打印对应的数据报表，运行界面如图 1-8-2 所示。

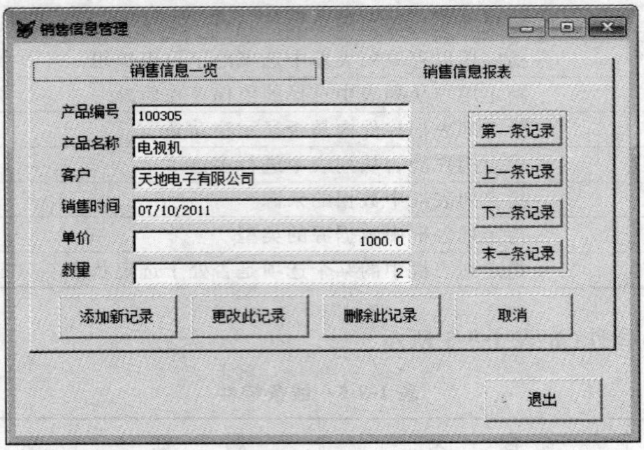

图 1-8-1　销售信息一览运行界面

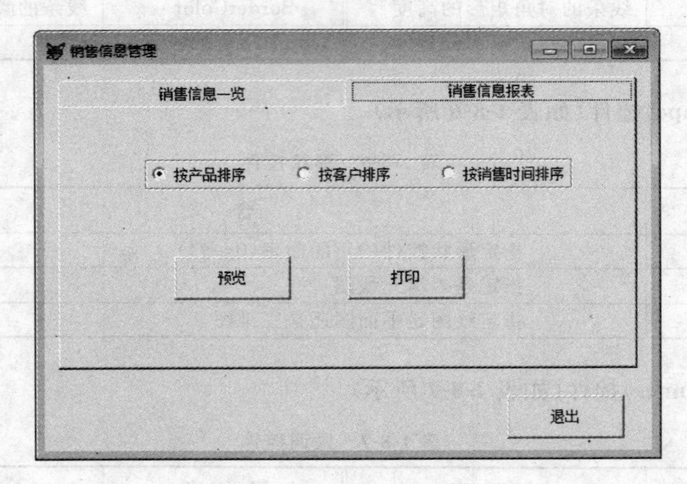

图 1-8-2　销售信息报表运行界面

(3) 创建修改密码表单 xgmm. scx。要求：在表单中，按照标签的说明在相应的文本框中输入用户名、原密码、新密码及确认新密码，单击“确定”按钮即可实现对用户表(user. dbf)中用户密码的修改操作。修改密码表单的运行界面如图 1-8-3 所示。

(4) 创建增删用户表单 zsyh. scx。要求：该表单含有一个“页框”控件，该页框控件共含两个页面：第一个页面(“添加用户”)的功能是在说明标签后面对应的文本框中输入用户名、密码、确认密码及权限等级，单击“确定”按钮添加新用户，单击“退出”按钮关闭表单，运行界面如图 1-8-4 所示；第二个页面(“删除用户”)的功能是在组合框中选择某一用户，单击“确定”按钮删除该用户，单击“退出”按钮关闭表单，运行界面如图 1-8-5 所示。

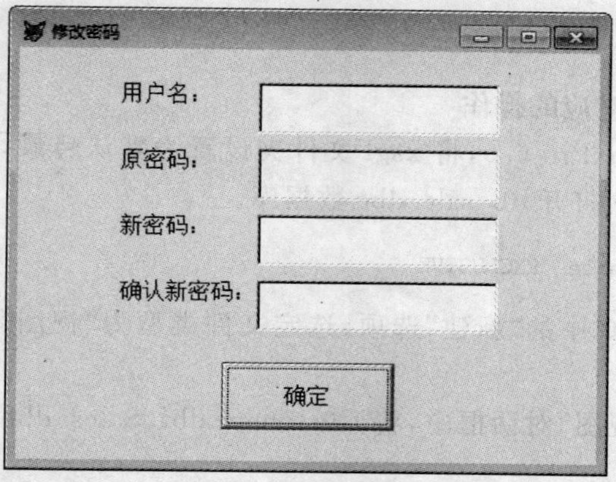

修改密码
用户名：
原密码：
新密码：
确认新密码：
确定

图 1-8-3　修改密码表单运行界面

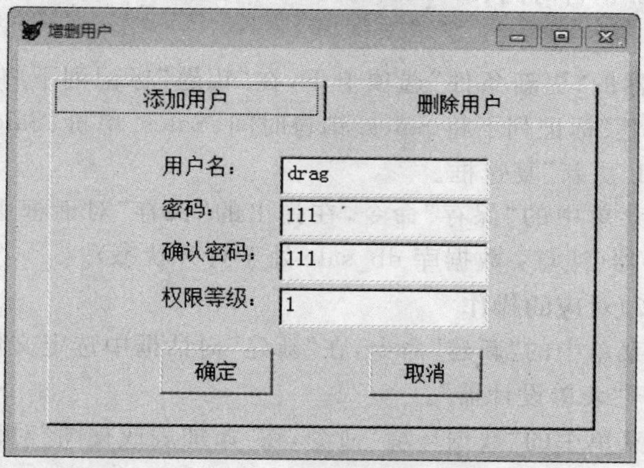

增删用户
添加用户
删除用户
用户名：
drag
密码：
111
确认密码：
111
权限等级：
1
确定
取消

图 1-8-4　添加用户运行界面

增删用户
添加用户
删除用户
请选择要删除的用户名：
abc
确定
退出

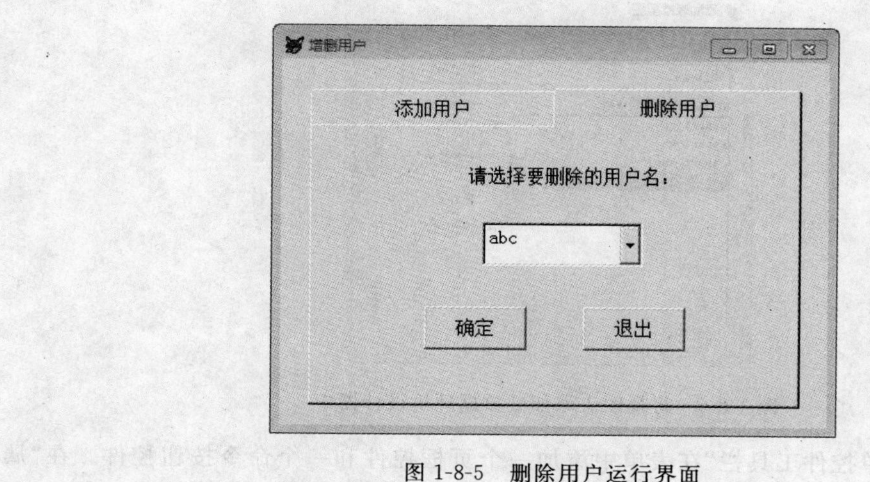

图 1-8-5　删除用户运行界面

实验步骤

1. 与实验内容(1)对应的操作

(1) 打开 Visual FoxPro 6.0,将 xsgl 文件夹设置为默认目录,然后在命令窗口中输入如下命令,以“独占”方式打开 db_sale.dbc 数据库。

```
OPEN DATABASE db_sale EXCLUSIVE
```

(2) 选择“文件”菜单中的“新建”选项,选定文件类型为“视图”,单击“新建文件”按钮,打开“视图设计器”。

(3) 在“添加表或视图”对话框中,将 Customer.dbf、Sales.dbf 和 Products.dbf 表依次添加到“视图设计器”中。

(4) 在视图设计器的“字段”选项卡下,将 Sales.产品编号、Products.产品名称、Customer.客户、Sales.销售时间、Sales.单价、Sales.数量 6 个字段依次添加到“选定字段”列表框中。

(5) 在视图设计器的“更新条件”选项卡下,在“钥匙”标记列下将 Sales.产品编号字段选中为关键字,在“铅笔”标记列下将 Sales.销售时间、Sales.单价、Sales.数量选中为可修改字段;选中“发送 SQL 更新”复选框。

(6) 选择“文件”菜单中的“保存”命令,在弹出的“保存”对话框中输入视图文件名“视图 1”;关闭视图设计器(注意:数据库 db_sale 处于打开状态)。

2. 与实验内容(2)对应的操作

(1) 选择“文件”菜单中的“新建”命令,在“新建”对话框中选定文件类型为“表单”,单击“新建文件”按钮,打开“表单设计器”。

(2) 选择“显示”菜单中的“数据环境”命令,在“添加表或视图”对话框中将“视图 1”添加到表单的数据环境设计器中,如图 1-8-6 所示。

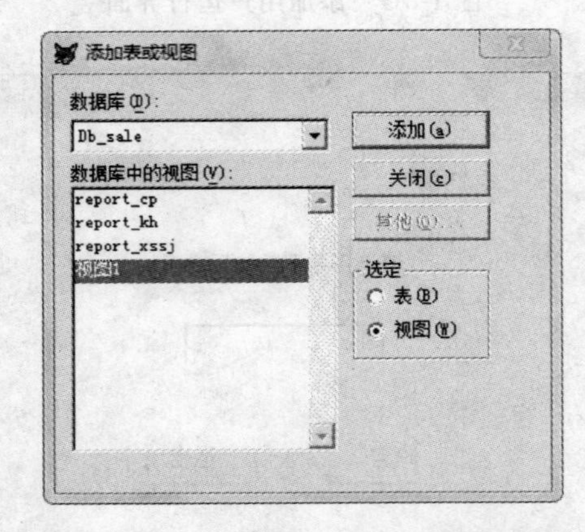

图 1-8-6 将视图 1 添加到数据环境设计器中

(3) 利用“表单控件工具栏”在表单中添加一个页框控件和一个命令按钮控件。在“属性”窗口的控件列表框中选择页框(PageFrame1)控件的 Page1 页面,然后在 Page1 中添加一个命令按钮组(OptionGroup1)、4 个命令按钮(Command1、Command2、Command3、Command4)控件,并将数据环境设计器中视图 1 中的各个字段(产品编号、产品名称、客户、销售时间、单价、数量）拖曳到 Page1 中；同样的方法在页框（PageFrame1）控件的 Page2 页面中添加一个选项按钮组（OptionGroup1）和两个命令按钮（Command1、Command2）控件。

(4) 在“属性”窗口中分别为各个控件设置属性，如表 1-8-8 所示。

表 1-8-8　表单中主要控件的属性设置

对　象　名	属　　性
Form1	AutoCenter：.T.-真 Caption：销售信息管理 ShowWindow：1-在顶层表单中
Page1	Caption：销售信息一览
Page2	Caption：销售信息报表
Command1（Form1 中）	Caption：退出
Command1～4（Page1 中）	Command1.Caption：添加新记录 Command2.Caption：更改此记录 Command3.Caption：删除此记录 Command4.Caption：取消 Command4.Enabled：.F.-假
CommandGroup1（Page1 中）	ButtonCount：4 Command1.Caption：第一条记录 Command2.Caption：上一条记录 Command3.Caption：下一条记录 Command4.Caption：末一条记录
Command1（Page2 中）	Caption：预览
Command2（Page2 中）	Caption：打印

在 Page2 中的选项按钮组（OptionGroup1）上右击，在弹出的快捷菜单中选择“生成器”命令，在打开的“选项组生成器”对话框中修改选项按钮组的属性，如图 1-8-7 和图 1-8-8 所示。

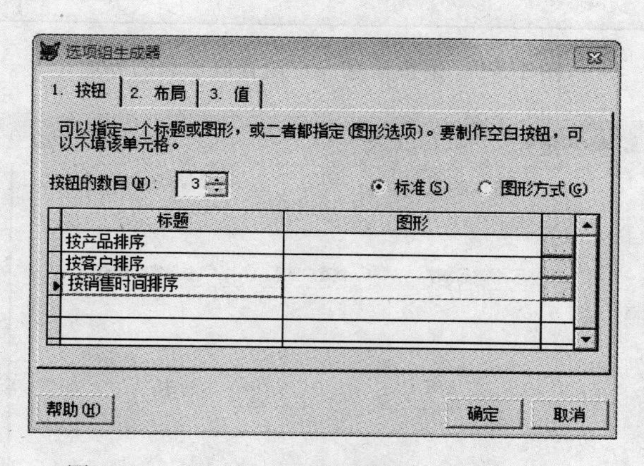

图 1-8-7　选项组生成器的“按钮”选项卡设置

① 按钮的数目：3。

② 各个按钮（Option1～3）的标题：按产品排序、按客户排序、按销售时间排序。

③ 按钮布局：水平。

④ 按钮间隔：15。

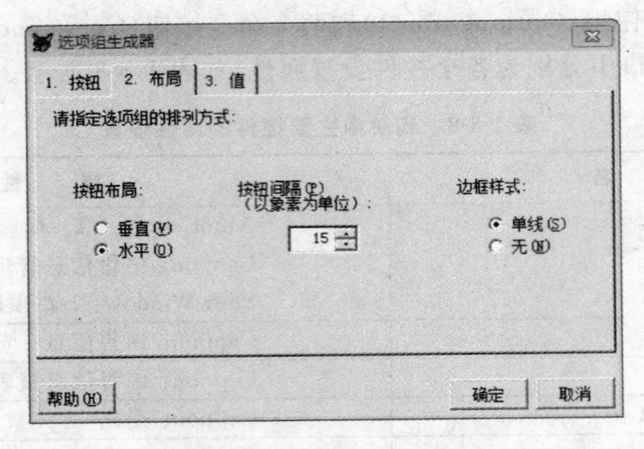

图 1-8-8　选项组生成器的"布局"选项卡设置

其他属性自己根据实际情况设置，设置好各属性后的页面分别如图 1-8-9 和图 1-8-10 所示。

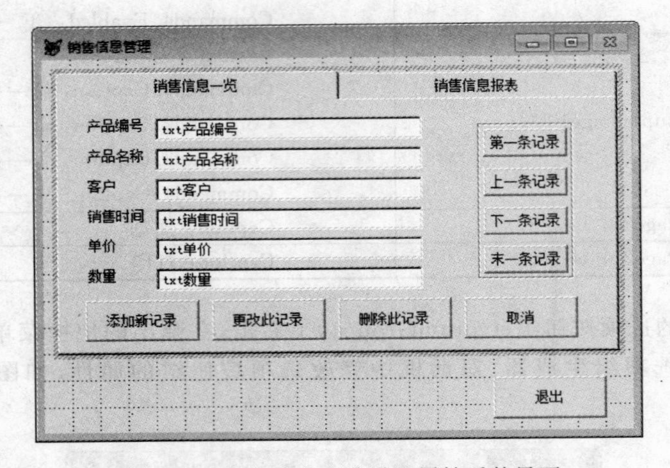

图 1-8-9　销售信息一览设置属性后的界面

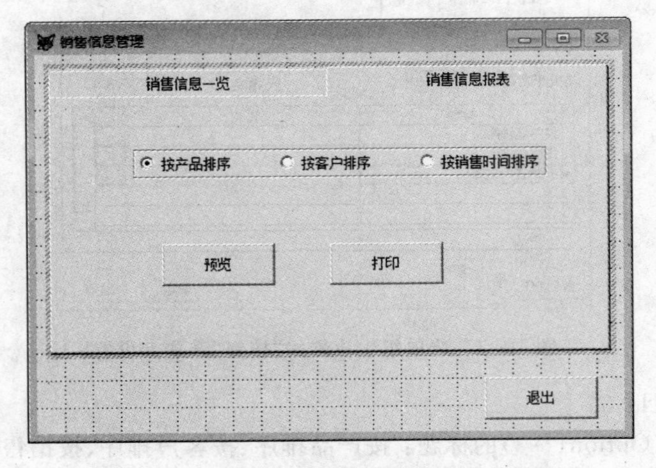

图 1-8-10　销售信息报表设置属性后的界面

（5）主要事件。

① Page1 中命令按钮组 CommandGroup1 的 Click( )事件代码如下：

```
SELECT  视图 1
DO  CASE
    CASE  This.Value = 1
        GO  TOP
        This.Command1.Enabled = .F.
        This.Command2.Enabled = .F.
        This.Command3.Enabled = .T.
        This.Command4.Enabled = .T.
    CASE  This.Value = 2
        SKIP  -1
        IF  BOF()
            =MESSAGEBOX("已是第一条记录",48,"提示信息")
            This.Command1.Enabled = .F.
            This.Command2.Enabled = .F.
        ELSE
            This.Command1.Enabled = .T.
            This.Command2.Enabled = .T.
        ENDIF
        This.Command3.Enabled = .T.
        This.Command4.Enabled = .T.
    CASE  This.Value = 3
        SKIP
        IF  EOF()
            =MESSAGEBOX("已是最后一条记录",48,"提示信息")
            GO  BOTTOM
            This.Command3.Enabled = .F.
            This.Command4.Enabled = .F.
        ELSE
            This.Command3.Enabled = .T.
            This.Command4.Enabled = .T.
        ENDIF
        This.Command1.Enabled = .T.
        This.Command2.Enabled = .T.
    CASE  This.Value = 4
        GO  BOTTOM
        This.Command1.Enabled = .T.
        This.Command2.Enabled = .T.
        This.Command3.Enabled = .F.
        This.Command4.Enabled = .F.
ENDCASE
Thisform.Refresh
```

② Page1 中命令按钮 Command1（添加新记录）的 Click( )事件代码如下：

```
Thisform.PageFrame1.Page1.CommandGroup1.Enabled = .F.
Thisform.PageFrame1.Page1.Command2.Enabled = .F.
Thisform.PageFrame1.Page1.Command3.Enabled = .F.
Thisform.PageFrame1.Page1.Command4.Enabled = .T.
```

```
IF  Thisform.PageFrame1.Page1.Command1.Caption = "添加新记录"
    Thisform.PageFrame1.Page1.txt产品编号.Enabled = .T.
    Thisform.PageFrame1.Page1.txt产品名称.Enabled = .F.
    Thisform.PageFrame1.Page1.txt客户.Enabled = .T.
    Thisform.PageFrame1.Page1.txt销售时间.Enabled = .T.
    Thisform.PageFrame1.Page1.txt单价.Enabled = .T.
    Thisform.PageFrame1.Page1.txt数量.Enabled = .T.
    Thisform.PageFrame1.Page1.txt产品编号.Value = ""
    Thisform.PageFrame1.Page1.txt产品名称.Value = ""
    Thisform.PageFrame1.Page1.txt客户.Value = ""
    Thisform.PageFrame1.Page1.txt销售时间.Value = ""
    Thisform.PageFrame1.Page1.txt单价.Value = ""
    Thisform.PageFrame1.Page1.txt数量.Value = ""
    Thisform.PageFrame1.Page1.Command1.Caption = "添加确认"
    Thisform.PageFrame1.Page1.Command1.Refresh
ELSE
    Thisform.PageFrame1.Page1.Command1.Caption = "添加新记录"
    Thisform.PageFrame1.Page1.Command1.Refresh
    Thisform.PageFrame1.Page1.CommandGroup1.Enabled = .T.
    Thisform.PageFrame1.Page1.Command2.Enabled = .T.
    Thisform.PageFrame1.Page1.Command3.Enabled = .T.
    Thisform.PageFrame1.Page1.Command4.Enabled = .F.
    Thisform.PageFrame1.Page1.txt产品编号.Enabled = .F.
    Thisform.PageFrame1.Page1.txt产品名称.Enabled = .F.
    Thisform.PageFrame1.Page1.txt客户.Enabled = .F.
    Thisform.PageFrame1.Page1.txt销售时间.Enabled = .F.
    Thisform.PageFrame1.Page1.txt单价.Enabled = .F.
    Thisform.PageFrame1.Page1.txt数量.Enabled = .F.
    IF  USED("customer")
        SELECT  customer
    ELSE
        USE  customer
    ENDIF
    LOCATE  FOR  客户 = ;
     ALLTRIM(Thisform.Pageframe1.Page1.txt客户.Value)
    khbh = customer.客户编号
    INSERT  INTO  sales  ;
     VALUES(ALLTRIM(Thisform.Pageframe1.Page1.txt产品编号.Value),;
       Thisform.Pageframe1.Page1.txt销售时间.Value,;
       Thisform.Pageframe1.Page1.txt单价.Value,;
       Thisform.Pageframe1.Page1.txt数量.Value,khbh)
    SELECT  视图1
    Thisform.Pageframe1.Page1.Refresh
ENDIF
```

③ Page1 中命令按钮 Command2(更改此记录)的 Click( )事件代码如下：

```
Thisform.PageFrame1.Page1.CommandGroup1.Enabled = .F.
Thisform.PageFrame1.Page1.Command1.Enabled = .F.
Thisform.PageFrame1.Page1.Command3.Enabled = .F.
Thisform.PageFrame1.Page1.Command4.Enabled = .T.
```

```
IF  Thisform.PageFrame1.Page1.Command2.Caption = "更改此记录"
    Thisform.PageFrame1.Page1.txt产品编号.Enabled = .F.
    Thisform.PageFrame1.Page1.txt产品名称.Enabled = .F.
    Thisform.PageFrame1.Page1.txt客户.Enabled = .F.
    Thisform.PageFrame1.Page1.txt销售时间.Enabled = .T.
    Thisform.PageFrame1.Page1.txt单价.Enabled = .T.
    Thisform.PageFrame1.Page1.txt数量.Enabled = .T.
    Thisform.PageFrame1.Page1.Command2.Caption = "更改确认"
    Thisform.PageFrame1.Page1.Command2.Refresh
ELSE
    Thisform.PageFrame1.Page1.Command2.Caption = "更改此记录"
    Thisform.PageFrame1.Page1.Command2.Refresh
    Thisform.PageFrame1.Page1.CommandGroup1.Enabled = .T.
    Thisform.PageFrame1.Page1.Command1.Enabled = .T.
    Thisform.PageFrame1.Page1.Command3.Enabled = .T.
    Thisform.PageFrame1.Page1.Command4.Enabled = .F.
    Thisform.PageFrame1.Page1.txt产品编号.Enabled = .F.
    Thisform.PageFrame1.Page1.txt产品名称.Enabled = .F.
    Thisform.PageFrame1.Page1.txt客户.Enabled = .F.
    Thisform.PageFrame1.Page1.txt销售时间.Enabled = .F.
    Thisform.PageFrame1.Page1.txt单价.Enabled = .F.
    Thisform.PageFrame1.Page1.txt数量.Enabled = .F.
ENDIF
```

④ Page1 中命令按钮 Command3(删除此记录)的 Click( )事件代码如下：

```
answer = MESSAGEBOX("确定删除此记录?",33,"确定删除")
IF  answer = 1
    SELECT  sales
    LOCATE  FOR  产品编号 = ;
     ALLTRIM(Thisform.Pageframe1.Page1.txt产品编号.Value)
    DELETE
    PACK
    SELECT  视图1
    GO  TOP
    Thisform.Refresh
ENDIF
```

⑤ Page1 中文本框 txt产品编号的 LostFocus( )事件代码如下：

```
IF  USED("products")
    SELECT  products
ELSE
    USE  products
ENDIF
LOCATE  FOR  产品编号 = ;
 ALLTRIM(Thisform.Pageframe1.Page1.txt产品编号.Value)
IF  FOUND( )
```

```
    Thisform.Pageframe1.Page1.txt产品名称.Value=产品名称
ELSE
    =MESSAGEBOX("请输入正确的产品编号!")
    Thisform.Pageframe1.Page1.txt产品编号.Value=""
    Thisform.Pageframe1.Page1.txt产品编号.Setfocus
ENDIF
```

⑥ Page1 中文本框 txt 客户的 LostFocus( )事件代码如下:

```
IF  USED("customer")
    SELECT  customer
ELSE
    USE  customer
ENDIF
LOCATE FOR 客户 = ALLTRIM(Thisform.Pageframe1.Page1.txt客户.Value)
IF  NOT  FOUND( )
    =MESSAGEBOX("请输入正确的客户名称!")
    Thisform.Pageframe1.Page1.txt客户.Value=""
    Thisform.Pageframe1.Page1.txt客户.Setfocus
ENDIF
```

⑦ Page1 中命令按钮 Command4(取消)的 Click( )事件代码如下:

```
IF  Thisform.PageFrame1.Page1.command1.Caption ="添加确认"
    tablerevert(.F.)
    Thisform.PageFrame1.Page1.Command1.Caption="添加新记录"
    Thisform.PageFrame1.Page1.Command1.Refresh
ENDIF
IF  Thisform.PageFrame1.Page1.command2.Caption ="更改确认"
    tablerevert(.F.)
    Thisform.PageFrame1.Page1.Command2.Caption="更改此记录"
    Thisform.PageFrame1.Page1.Command2.Refresh
ENDIF
Thisform.PageFrame1.Page1.CommandGroup1.Enabled = .T.
Thisform.PageFrame1.Page1.Command1.Enabled = .T.
Thisform.PageFrame1.Page1.Command2.Enabled = .T.
Thisform.PageFrame1.Page1.Command3.Enabled = .T.
Thisform.PageFrame1.Page1.Command4.Enabled = .F.
Thisform.PageFrame1.Page1.txt产品编号.Enabled = .F.
Thisform.PageFrame1.Page1.txt产品名称.Enabled = .F.
Thisform.PageFrame1.Page1.txt客户.Enabled = .F.
Thisform.PageFrame1.Page1.txt销售时间.Enabled = .F.
Thisform.PageFrame1.Page1.txt单价.Enabled = .F.
Thisform.PageFrame1.Page1.txt数量.Enabled = .F.
Thisform.Refresh
```

⑧ Page2 中命令按钮 Command1(预览)的 Click( )事件代码如下:

```
DO  CASE
```

```
    CASE  Thisform.PageFrame1.Page2.Optiongroup1.Value = 1
        REPORT  FORM  report_cp  PREVIEW
    CASE  Thisform.PageFrame1.Page2.Optiongroup1.Value = 2
        REPORT  FORM  report_kh  PREVIEW
    CASE  Thisform.PageFrame1.Page2.Optiongroup1.Value = 3
        REPORT  FORM  report_xssj  PREVIEW
ENDCASE
```

⑨ Page2 中命令按钮 Command2(打印)的 Click( )事件代码如下：

```
DO  CASE
    CASE  Thisform.PageFrame1.Page2.Optiongroup1.Value = 1
        REPORT  FORM  report_cp  TO  PRINTER  PROMPT
    CASE  Thisform.PageFrame1.Page2.Optiongroup1.Value = 2
        REPORT  FORM  report_kh  TO  PRINTER  PROMPT
    CASE  Thisform.PageFrame1.Page2.Optiongroup1.Value = 3
        REPORT  FORM  report_xssj  TO  PRINTER  PROMPT
ENDCASE
```

⑩ Form1 中“退出”命令按钮的 Click( )事件代码如下：

```
Thisform.Release
```

(6) 选择“文件”菜单中的“保存”命令保存表单，表单文件名为 sell.scx。

3. 与实验内容(3)对应的操作

(1) 选择“文件”菜单中的“新建”命令，在“新建”对话框中选定文件类型为“表单”，单击“新建文件”按钮，打开“表单设计器”。

(2) 选择“显示”菜单中的“数据环境”命令，将 user.dbf 表添加到表单的数据环境设计器中。

(3) 利用“表单控件工具栏”在表单中添加一个命令按钮、4 个标签和 4 个文本框控件。

(4) 在“属性”窗口中分别为各个控件设置属性，如表 1-8-9 所示。

表 1-8-9　表单中主要控件的属性设置

对　象　名	属　　性
Form1	AutoCenter：.T.-真 Caption：修改密码 ShowWindow：1-在顶层表单中
Command1	Caption：确定 FontSize：12
Label1～4	AutoSize：.T.-真 Label1.Caption：用户名： Label2.Caption：原密码： Label3.Caption：新密码： Label4.Caption：确认新密码： FontSize：12
Text1～4	FontSize：12

设置属性后的界面如图 1-8-11 所示。

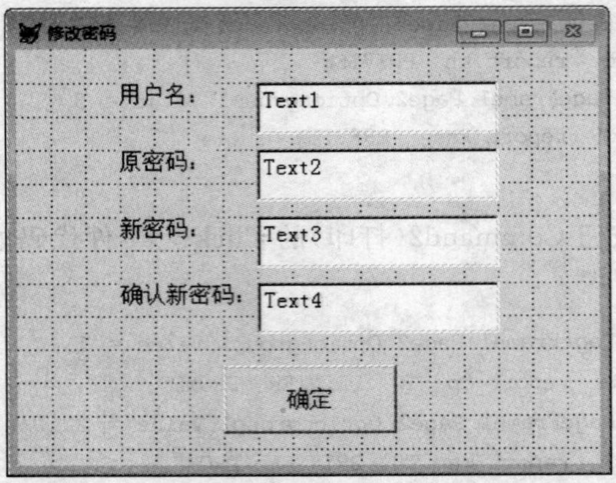

图 1-8-11　修改密码设置属性后的界面

(5) 主要事件。

① 表单 Form1 的 Init( )事件代码如下：

```
PUBLIC  n
n = 0
IF  USED("user")
    SELECT  user
ELSE
    USE  user  EXCLUSIVE
ENDIF
```

② 命令按钮 Command1 的 Click( )事件代码如下：

```
name = ALLTRIM(Thisform.Text1.Value)
password = ALLTRIM(Thisform.Text2.Value)
SET  ORDER  TO  用户名
SEEK  name
IF  ALLTRIM(user.用户名) == name
    IF  ALLTRIM(user.密码) == password
        logright = user.权限等级
        IF  ALLTRIM(Thisform.Text3.Value) == ALLTRIM(Thisform.Text4.Value)
            && 密码修改成功
            password = ALLTRIM(Thisform.Text3.Value)
            name = ALLTRIM(Thisform.Text1.Value)
            UPDATE  user  SET 密码 = password  WHERE  用户名 = name
            Thisform.Release
            CLOSE  ALL
        ELSE
            WAIT WINDOWS AT 20,30 "密码确认有误,请重新输入新密码!" TIMEOUT 3
            Thisform.Text3.Value = ""
            Thisform.Text4.Value = ""
            Thisform.Text3.Setfocus
```

```
            ENDIF
        ELSE
            WAIT WINDOWS AT 20,30 "密码输入错误,请重新输入密码!" TIMEOUT 3
            n = n + 1
            Thisform.Text2.Value = ""
            Thisform.Text3.Value = ""
            Thisform.Text4.Value = ""
            Thisform.Text2.Setfocus
            IF n = 3
                Thisform.Release
                CLOSE ALL
            ENDIF
        ENDIF
    ELSE
        WAIT WINDOWS AT 20,30 "用户名错误,请重新输入用户名!" TIMEOUT 3
        n = n + 1
        Thisform.Text1.Value = ""
        Thisform.Text2.Value = ""
        Thisform.Text3.Value = ""
        Thisform.Text4.Value = ""
        Thisform.Text1.Setfocus
        IF n = 3
            Thisform.Release
            CLOSE ALL
        ENDIF
    ENDIF
```

(6) 选择"文件"菜单中的"保存"命令保存表单,表单文件名为 xgmm.scx。

4. 与实验内容(4)对应的操作

(1) 选择"文件"菜单中的"新建"命令,在"新建"对话框中选定文件类型为"表单",单击"新建文件"按钮,打开"表单设计器"。

(2) 选择"显示"菜单中的"数据环境"命令,将 user.dbf 表添加到表单的数据环境设计器中。

(3) 利用"表单控件工具栏"在表单中添加一个页框控件。在"属性"窗口的控件列表框中选择页框(PageFrame1)控件的 Page1 页面,然后在 Page1 中添加 4 个标签、4 个文本框和两个命令按钮控件;同样的方法在页框(PageFrame1)控件的 Page2 页面中添加一个标签、一个组合框和两个命令按钮控件。

(4) 在"属性"窗口中分别为各个控件设置属性,如表 1-8-10 所示。

表 1-8-10 表单中主要控件的属性设置

对 象 名	属 性
Form1	AutoCenter: .T.-真 Caption: 增删用户 ShowWindow: 1-在顶层表单中
Page1	Caption: 添加用户
Page2	Caption: 删除用户

续表

对　象　名	属　　性
Command1～2(Page1 中)	Command1. Caption：确定 Command2. Caption：退出
Label1～4(Page1 中)	Label1. Caption：用户名： Label2. Caption：密码： Label3. Caption：确认密码： Label4. Caption：权限等级：
Label1(Page2 中)	Caption：请选择要删除的用户名：
Command1(Page2 中)	Caption：确定
Command2(Page2 中)	Caption：退出
Combo1(Page2 中)	RowSource：user.用户名 RowSourceType：6-字段

控件的其他属性根据实际情况进行修改。添加用户页面设置属性后的界面如图 1-8-12 所示，删除用户页面设置属性后的界面如图 1-8-13 所示。

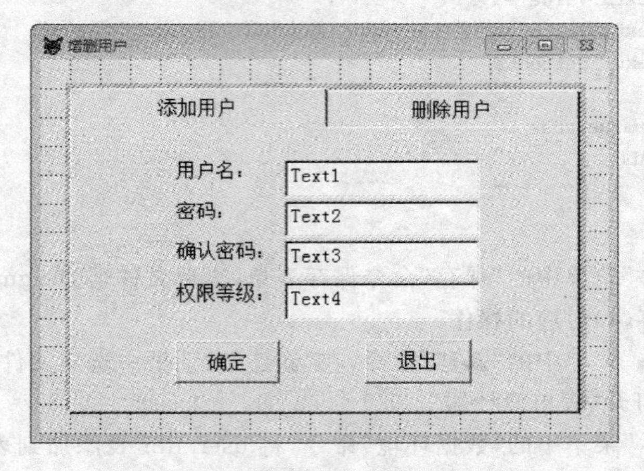

图 1-8-12　添加用户设置属性后的界面

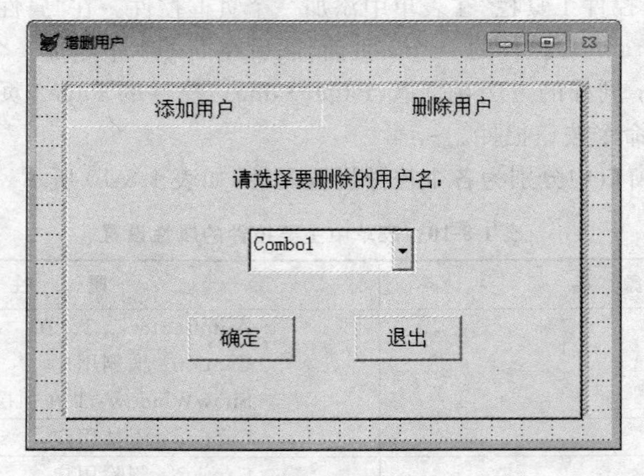

图 1-8-13　删除用户设置属性后的界面

(5) 主要事件。

① 表单 Form1 的 Init( )事件代码如下：

```
IF  USED("user")
    SELECT  user
ELSE
    USE  user  EXCLUSIVE
ENDIF
```

② 表单 Form1 的 Destroy( )事件代码如下：

```
CLOSE  ALL
```

③ Page1 的"确定"按钮的 Click( )事件代码如下：

```
name = TRIM(Thisform.PageFrame1.Page1.Text1.Value)
password = TRIM(Thisform.PageFrame1.Page1.Text2.Value)
logright = ALLTRIM(Thisform.PageFrame1.Page1.Text4.Value)
IF  name == ""
    WAIT  WINDOWS  AT  20,30  "用户名不能为空字符串"  TIMEOUT  3
    Thisform.PageFrame1.Page1.Text1.Value = ""
    Thisform.PageFrame1.Page1.Text2.Value = ""
    Thisform.PageFrame1.Page1.Text3.Value = ""
    Thisform.PageFrame1.Page1.Text4.Value = ""
    Thisform.PageFrame1.Page1.Text1.Setfocus
ELSE
    IF  TRIM(Thisform.PageFrame1.Page1.Text2.Value) == ;
            TRIM(Thisform.PageFrame1.Page1.Text3.Value)
        APPEND  BLANK
        REPLACE  用户名  WITH  name, 密码  WITH  password, ;
            权限等级  WITH  logright
        WAIT  WINDOWS  AT  20,30  "添加用户成功"  TIMEOUT  3
        Thisform.PageFrame1.Page1.Text1.Value = ""
        Thisform.PageFrame1.Page1.Text2.Value = ""
        Thisform.PageFrame1.Page1.Text3.Value = ""
        Thisform.PageFrame1.Page1.Text4.Value = ""
        Thisform.PageFrame1.Page1.Text1.Setfocus
    ELSE
        WAIT  WINDOWS  AT  20,30  "确认密码错误,请重新输入"  TIMEOUT  3
        Thisform.PageFrame1.Page1.Text3.Value = ""
        Thisform.PageFrame1.Page1.Text3.Setfocus
    ENDIF
ENDIF
```

④ Page1 的"退出"按钮的 Click( )事件代码如下：

```
Thisform.Release
```

⑤ Page2 的"确定"按钮的 Click( )事件代码如下：

```
name = TRIM(Thisform.PageFrame1.Page2.Combo1.Value)
IF  LEN(name) != 0
```

```
    WAIT  WINDOWS  AT  20,30  "确定删除该用户?" + CHR(13) + "确定请按 Y 键,取消请按 N 键。";
  TO  yn
    IF  yn = "Y"  OR  yn = "y"
        CLOSE  ALL
        DELETE  FROM  user  WHERE  用户名 = name
        PACK
        WAIT  WINDOWS  AT  20,30  "删除用户成功"  TIMEOUT  3
        Thisform.PageFrame1.Page2.Combo1.Value = ""
    ELSE
        Thisform.Release
    ENDIF
ELSE
    WAIT  WINDOWS  AT  20,30  "确定退出增删用户界面吗?" + CHR(13) + "确定请按 Y 键。"  TO;
  yn
    IF  yn = "Y"  OR  yn = "y"
        Thisform.Release
    ENDIF
ENDIF
```

⑥ Page2 的"退出"按钮的 Click( )事件代码如下：

```
Thisform.Release
```

(6) 选择"文件"菜单中的"保存"命令保存表单，表单文件名为 zsyh.scx。

实验思考

(1) 如果从一组选项中同一时刻只能选择其中的一个选项，应该使用什么控件实现？如果从一组选项中可以同时选择多个选项或者所有选项都不选，应该使用什么控件实现？

(2) OptionGroup 控件和 Check 控件的 Value 属性取不同值时分别代表什么含义？

(3) 当需要用表中的某个字段作为控件的数据源时，对于 Text 控件、Edit 控件、Combo 控件、List 控件、Grid 控件来说，应分别设置什么属性？

(4) 设计一个形状转变表单，通过改变形状的曲率使形状从正方形逐渐转变为圆形，同时将形状控件的当前曲率值显示在文本框中。添加控件后的设计界面如图 1-8-14 所示，运行界面如图 1-8-15 所示。

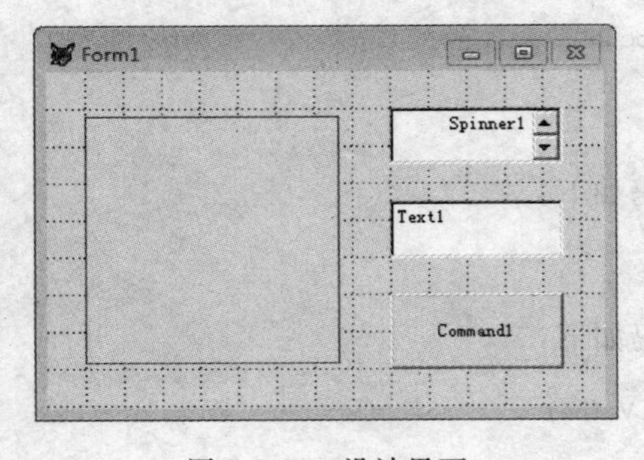

图 1-8-14　设计界面

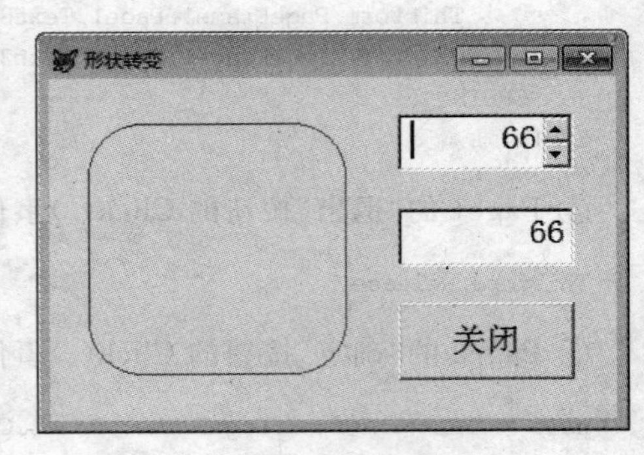

图 1-8-15　运行界面

实验 9　Visual FoxPro 菜单设计

实验目的

(1) 掌握菜单设计的基本流程。

(2) 掌握顶层菜单的设置。

(3) 掌握顶层表单的设置(属性及事件代码)。

实验准备

1. 菜单系统的组成

菜单系统(Menu System)是菜单栏(Menu Bar)、菜单标题(Menu Title)、菜单(Menu)和菜单项(Menu Item)的组合。

(1) 菜单栏：位于窗口标题下的水平条形区域,用于放置各菜单标题。

(2) 菜单标题：也叫菜单名,用于标识菜单。

(3) 菜单：单击菜单标题可以打开相应的菜单,菜单由一系列菜单项组成,包括命令、过程和子菜单。

(4) 菜单项：列于菜单上的菜单命令,用于实现某个具体的任务。

菜单系统中通常还包含访问键(也叫热键)、分隔线、快捷键等,定义方法如下。

① 访问键：\<访问键字母。

② 分隔线：\-。

③ 快捷键：菜单设计器中的"选项"按钮。

2. 菜单设计器的启动

1) 菜单方式

选择"文件"→"新建"→"菜单"命令。

2) 命令方式

```
CREATE  MENU  [<菜单文件名>]
```

3. 建立菜单的基本步骤

(1) 规划菜单系统。

(2) 启动"菜单设计器"创建菜单和子菜单。

(3) 为菜单制定要执行的任务。

(4) 保存菜单定义,生成菜单文件(.mnx)。

(5) 生成菜单程序文件(.mpr)。

(6) 运行菜单程序。

① 菜单方式。

选择"程序"→"运行"命令。

② 命令方式。

```
DO  <菜单程序名>.MPR
```

实验内容

将学生个人移动存储设备上的 xsgl 文件夹设置为默认目录,完成如下实验内容:

(1) 建立销售管理系统主菜单 xsgl. mnx。要求:实现功能管理、用户管理、退出系统 3 个模块。功能管理包括“产品信息管理”、“客户信息管理”和“销售信息管理” 3 项,分别执行 product、customer 和 sell 表单;用户管理包括“修改密码”和“增删用户”两项,分别执行 xgmm 和 zsyh 表单。

(2) 打开实验 6 实验内容(1)建立的主表单(main. scx),编写 Init 和 Destroy 事件代码。要求:将其设为顶层表单,实现调用 xsgl. mpr 菜单功能。主表单(main. scx)的运行界面如图 1-9-1 所示。

图 1-9-1　顶层表单调用菜单运行界面

实验步骤

1. 与实验内容(1)对应的操作

(1) 打开 Visual FoxPro 6. 0,将 xsgl 文件夹设置为默认目录,然后选择“文件”菜单中的“新建”命令,在“新建”对话框中选定文件类型为“菜单”,单击“新建文件”按钮,在弹出的“新建菜单”对话框(如图 1-9-2 所示)中单击“菜单”按钮,出现“菜单设计器”界面。

图 1-9-2　“新建菜单”对话框

(2) 按图 1-9-3 所示输入菜单标题的内容,注意菜单设计器的“菜单级”指示应该为“菜单栏”,即表示这里所输入的菜单名称是菜单栏上的菜单标题。

(3) 单击“功能管理”菜单名称后面的“创建”按钮,输入“产品信息管理(\<P)”、“客户信息管理(\<C)”和“销售信

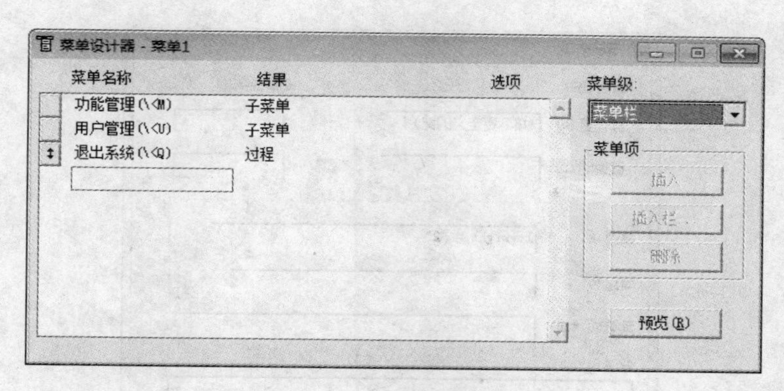

图 1-9-3　菜单标题设置

息管理(\＜S)”3 个子菜单项的名称。“产品信息管理(\＜P)”的结果选择“命令”,在其后的文本框中输入“DO FORM product”;“客户信息管理(\＜C)”的结果选择“命令”,在其后的文本框中输入“DO FORM customer”;“销售信息管理(\＜S)”的结果选择“命令”,在其后的文本框中输入“DO FORM sell”,编辑效果如图 1-9-4 所示。注意这时“菜单级”的指示是“功能管理 M”,表示这里建立的菜单名称是“功能管理”菜单的各个菜单项,要修改菜单栏(即一级菜单)的内容,必须将“菜单级”列表框重设为“菜单栏”。

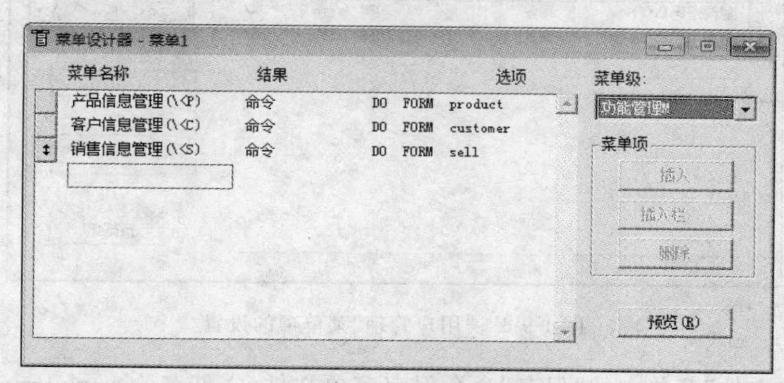

图 1-9-4　“功能管理”菜单项的设置

(4) 同样的方法建立“用户管理”菜单,其两个菜单项标题分别为“修改密码(\＜X)”和“增删用户(\＜Z)”。“修改密码(\＜X)”的结果选择“命令”,在其后的文本框中输入“DO FORM xgmm”。“增删用户(\＜Z)”的结果选择“命令”,在其后的文本框中输入“DO FORM zsyh”。然后分别单击“修改密码”和“增删用户”的“选项”按钮,在“提示选项”对话框中设置菜单命令的“跳过”条件为:logright="2",如图 1-9-5 所示。“用户管理”菜单的编辑效果如图 1-9-6 所示。

(5) 将“退出系统”菜单项的结果修改为“过程”,单击“创建”按钮,在打开的过程代码编写窗口中输入如下信息后关闭:

```
CLOSE  ALL
CLEAR  EVENTS
QUIT
```

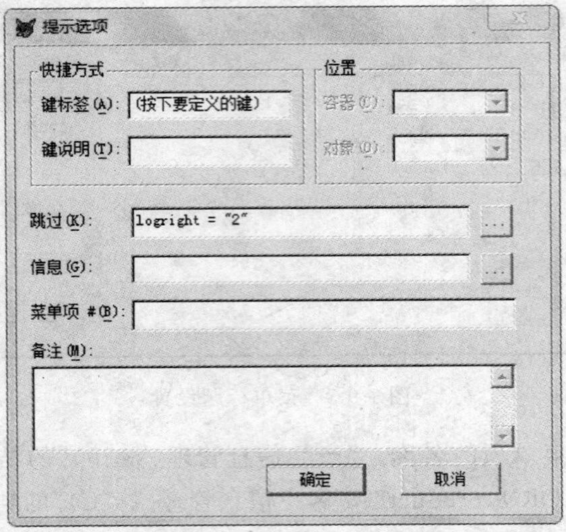

图 1-9-5 “提示选项”中“跳过”条件的设置

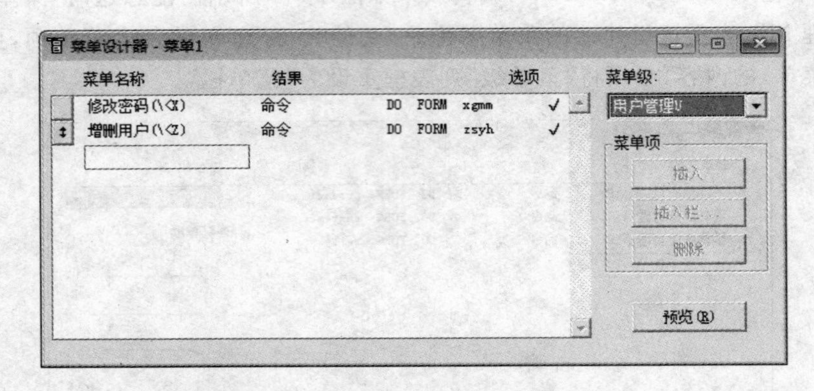

图 1-9-6 “用户管理”菜单项的设置

(6) 选择“文件”菜单中的“保存”命令保存菜单文件,文件名为 xsgl. mnx; 选择 Visual FoxPro 6.0 系统菜单栏中的“菜单”(此选项只在进行菜单设计时出现)菜单中的“生成”命令,在弹出的“生成菜单”对话框中单击“生成”按钮,生成菜单程序 xsgl. mpr。

(7) 关闭菜单设计器,选择“程序”菜单下的“运行”命令,或在命令窗口中输入如下命令运行菜单:

```
DO  xsgl.mpr
```

注意:如要各菜单项命令能正确执行,必须有相关的表单文件存在。

(8) 在 Visual FoxPro 6.0 的命令窗口中输入并执行如下命令,恢复系统菜单:

```
SET  SYSMENU  TO  DEFAULT
```

2. 与实验内容(2)对应的操作

(1) 选择“文件”菜单中的“打开”命令,选择文件类型为“菜单”,将实验内容(1)中建立的 xsgl. mnx 菜单文件打开。

(2) 选择“显示”菜单下的“常规选项”命令，在打开的“常规选项”对话框中选中“顶层表单”复选框，如图 1-9-7 所示，单击“确定”按钮，返回菜单设计器。

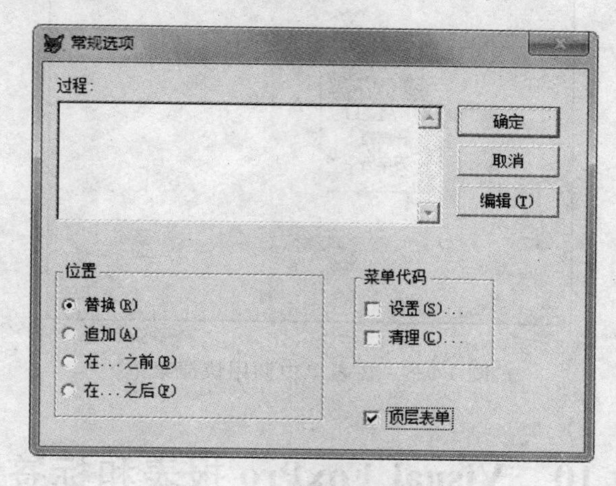

图 1-9-7 “常规选项”设置

(3) 选择“文件”菜单中的“保存”命令，保存所做的修改；然后选择“菜单”菜单中的“生成”命令，重新生成同名的菜单程序文件（改写原有的菜单程序文件）；关闭菜单设计器。

(4) 打开实验 6 中实验内容(1)建立的 main. scx 表单，确定表单的 ShowWindow 属性设置为“2-顶层表单”，WindowState 属性设置为“2-最大化”。

(5) 编写表单(main. scx)的 Init( )事件代码如下：

```
DO  xsgl.mpr  WITH  THIS, "mm"
```

(6) 编写表单(main. scx)的 Destroy( )事件代码如下：

```
RELEASE  MENU  mm  EXTENDED
```

(7) 选择“文件”菜单下的“保存”命令，保存所做的修改。

(8) 运行表单，查看运行结果。

实验思考

(1) 菜单中的热键和快捷键分别起什么作用？二者使用时的区别是什么？

(2) 运行菜单时，默认情况下是“替换”系统菜单，如何将用户建立的菜单“追加”到系统菜单后面，或者“插入”到某系统菜单标题之前或之后？

(3) 若想在表单中调用快捷菜单，应该在表单的什么事件中编写相应的代码？

(4) 建立如图 1-9-8 所示的快捷菜单 kjcd. mnx，并在表单中调用该快捷菜单。

提示：

“信息窗口”命令：MESSAGEBOX("今天天气很好～",1＋64＋256,"信息窗口")

“问题窗口”命令：MESSAGEBOX("你有问题吗?",0＋32＋0,"问题窗口")

“计算器”命令：ACTIVATE WINDOW CALCULATOR

“万年历”命令：ACTIVATE WINDOW CALENDAR

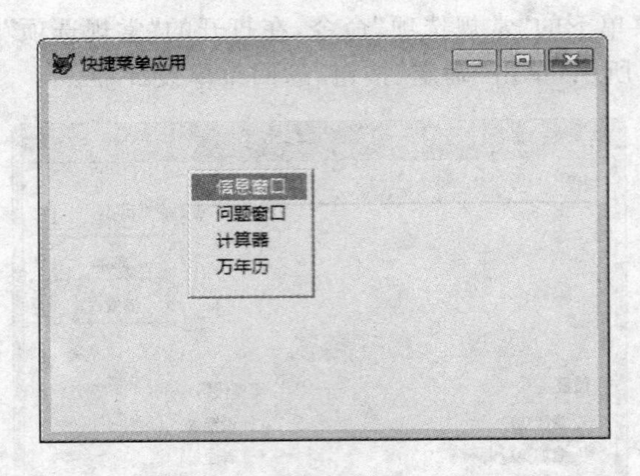

图 1-9-8　在表单中调用快捷菜单

实验 10　Visual FoxPro 报表和标签设计

实验目的

(1) 掌握基于单表和多表的报表设计方法。

(2) 掌握报表设计器中各种控件的功能和用法。

(3) 掌握报表数据源的添加。

实验准备

1. 报表的数据源

报表的数据源可以是自由表、数据库表、视图、查询和临时表。

2. 报表操作命令

1) 建立报表文件

(1) 报表向导。

① 选择“文件”菜单中的“新建”命令或单击常用工具栏上的“新建”按钮,在弹出的“新建”对话框中选择“报表”单选按钮,单击“向导”按钮,在“向导选取”对话框中选择“报表向导”或“一对多报表向导”。

② 选择“工具”菜单中的“向导”,在级联菜单中选择“报表”命令。

(2) 报表设计器。

① 选择“文件”菜单中的“新建”命令或单击常用工具栏上的“新建”按钮,在弹出的“新建”对话框中选择“报表”单选按钮,单击“新建文件”按钮。

② 在命令窗口中输入并执行如下命令:

```
CREATE  REPORT  报表文件名[.FRX]
```

2) 打开报表文件,修改报表布局

(1) 菜单方式。

选择“文件”→“打开”命令,文件类型为“报表”。

(2) 命令方式。

```
MODIFY  REPORT  报表文件名[.FRX]
```

3) 预览报表

(1) 菜单方式。

① 选择“文件”→“打印预览”命令。

② 选择“显示”→“预览”命令。

(2) 命令方式。

```
REPORT  FORM  报表文件名[.FRX]  PREVIEW
```

4) 打印报表

(1) 菜单方式。

选择“文件”→“打印”命令。

(2) 命令方式。

```
REPORT  FORM  报表文件名[.FRX]  TO  PRINTER
```

实验内容

将学生个人移动存储设备上的 xsgl 文件夹设置为默认目录,完成如下实验内容:

(1) 利用报表设计器建立报表 report_cp,数据源为 db_sale 数据库中建立的视图 report_cp,设计界面如图 1-10-1 所示。要求按照产品编号分组汇总销售数量和销售金额的合计,预览的部分界面如图 1-10-2 所示。

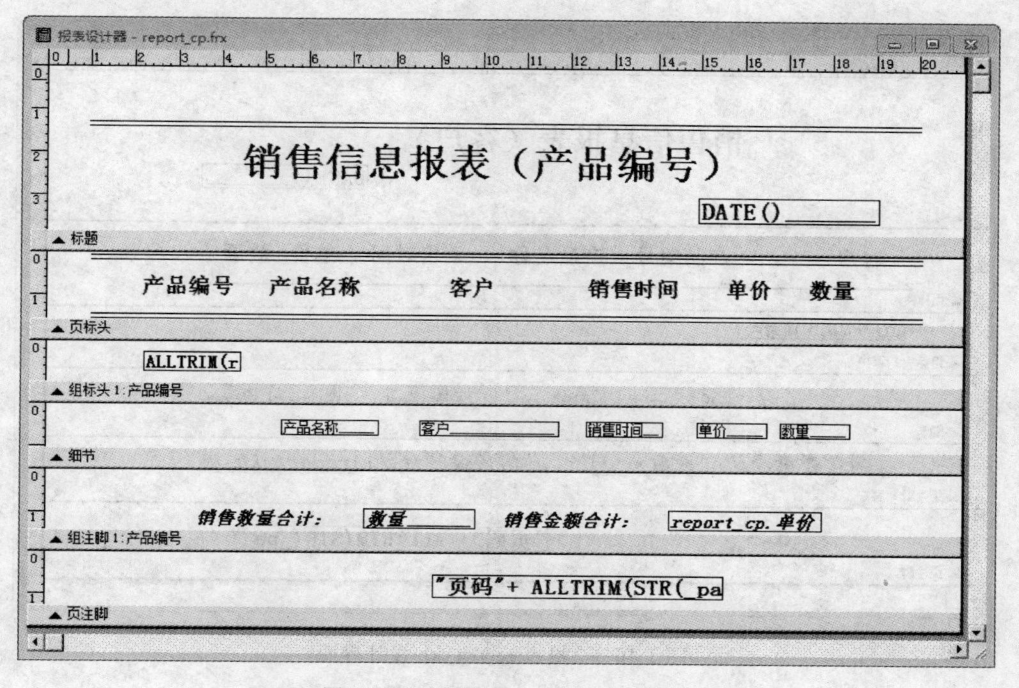

图 1-10-1 报表 report_cp 设计界面

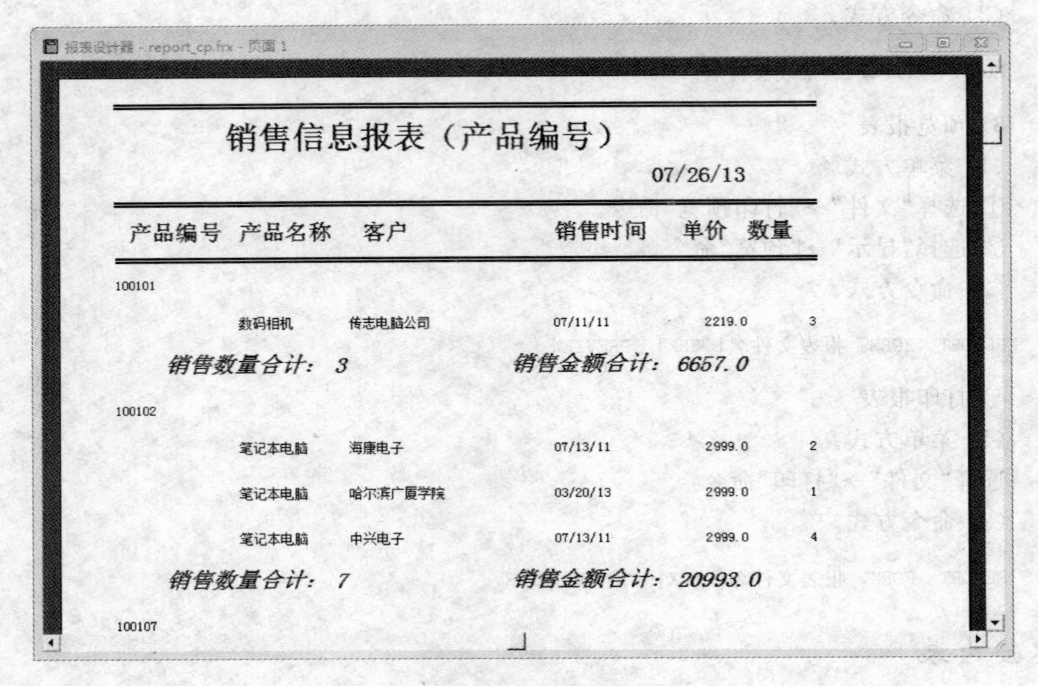

图 1-10-2　报表 report_cp 预览界面

(2) 利用报表设计器建立报表 report_kh，数据源为 db_sale 数据库中建立的视图 report_kh，设计界面如图 1-10-3 所示。要求按照客户分组汇总销售数量和销售金额的合计，预览的部分界面如图 1-10-4 所示。

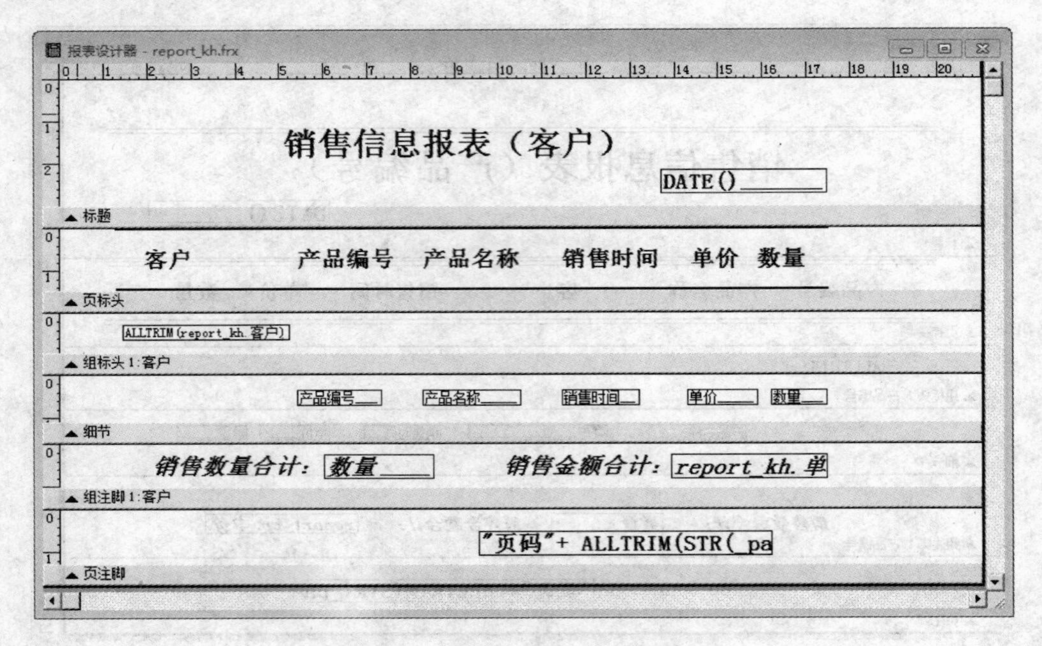

图 1-10-3　报表 report_kh 设计界面

图 1-10-4　报表 report_kh 预览界面

(3) 利用报表设计器建立报表 report_xssj，数据源为 db_sale 数据库中建立的视图 report_xssj，设计界面如图 1-10-5 所示。要求按照销售时间分组汇总销售数量和销售金额的合计，预览的部分界面如图 1-10-6 所示。

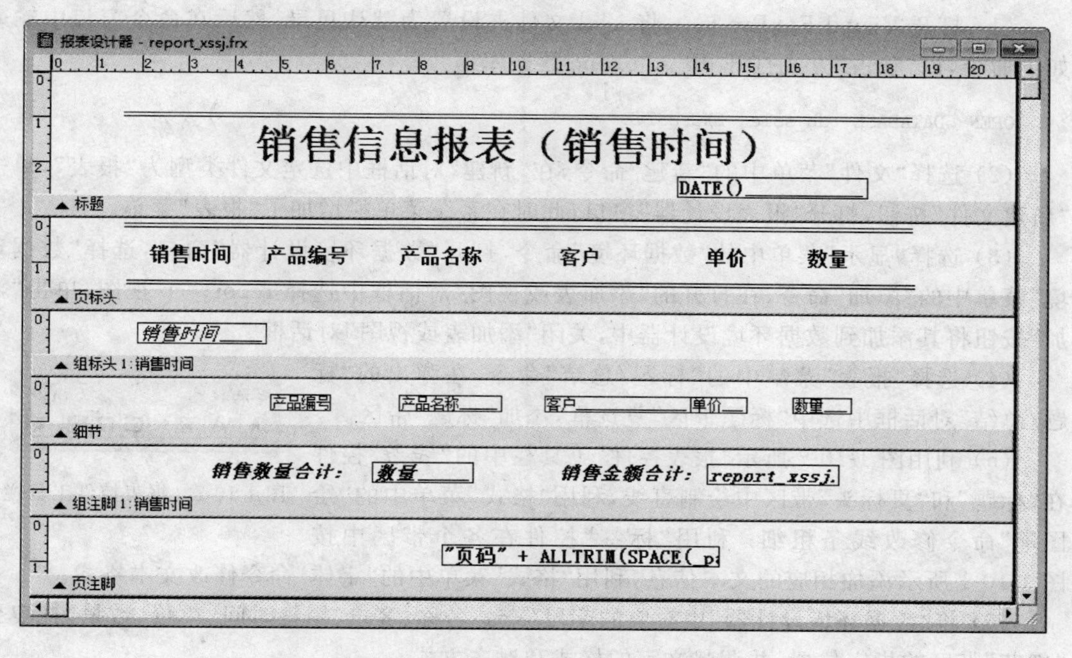

图 1-10-5　报表 report_xssj 设计界面

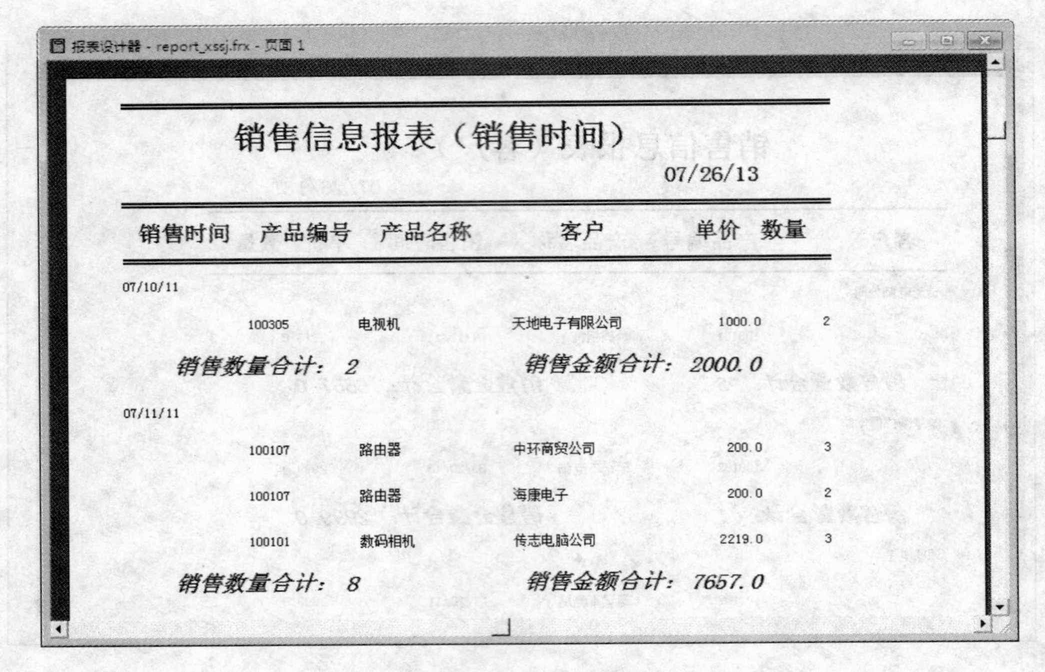

图 1-10-6 报表 report_xssj 预览界面

实验步骤

1. 与实验内容(1)对应的操作

(1) 打开 Visual FoxPro 6.0，将 xsgl 文件夹设置为默认目录，然后在命令窗口中输入如下命令，以“独占”方式打开 db_sale.dbc 数据库：

```
OPEN  DATABASE  db_sale  EXCLUSIVE
```

(2) 选择“文件”菜单中的“新建”命令，在“新建”对话框中选定文件类型为“报表”，单击“新建文件”按钮，打开“报表设计器”窗口，此时在系统菜单栏增加了“报表”菜单。

(3) 选择“显示”菜单中的“数据环境”命令，打开“数据环境设计器”窗口，选择“数据环境”菜单中的“添加”命令，在打开的“添加表或视图”对话框中选择 report_cp 视图，单击“添加”按钮将其添加到数据环境设计器中，关闭“添加表或视图”对话框。

(4) 选择“报表”菜单中的“标题/总结”命令，在弹出的“标题/总结”对话框中选中“标题带区”复选框，添加“标题”带区。

(5) 利用图 1-10-7 所示“报表控件”工具栏中的“线条”控件在“标题”和“页标头”带区中绘制直线，利用“格式”菜单中的“绘图笔”命令修改线条粗细；利用“标签”控件在各个带区中按图 1-10-1 所示添加相应的文本信息，利用“格式”菜单中的“字体”命令修改文本格式。

图 1-10-7 报表控件工具栏

(6) 将“数据环境设计器”中对应的字段(产品名称、客户、销售时间、单价、数量)拖曳到“细节”带区的指定位置，并调整文字的格式和对齐方式。

(7) 单击“表单控件”工具栏上的“域控件”按钮，在“标题”带区添加系统日期，表达式为：DATE( )；同样的方法在"页注脚"带区添加页码信息，表达式为："页码"＋ ALLTRIM(STR(_pageno))。

(8) 选择"报表"菜单中的"数据分组"命令，在弹出的"数据分组"对话框中设置"分组表达式"为：report_cp. 产品编号，如图 1-10-8 所示。

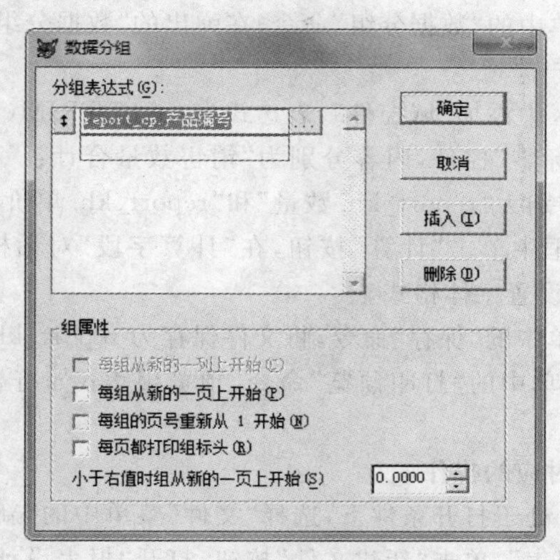

图 1-10-8　数据分组

(9) 在"组标头"带区中添加"域控件"，表达式为：ALLTRIM(report_cp. 产品编号)；在"组注脚"带区中添加两个"标签"控件，内容分别为"销售数量合计："和"销售金额合计："，添加两个"域控件"，内容分别为"report_cp. 数量"和"report_cp. 单价 * report_cp. 数量"，并且在"报表表达式"对话框中单击"计算"按钮，在"计算字段"对话框中选择计算类型为"总和"，并按图 1-10-1 所示设置字体格式。

(10) 选择"文件"菜单中的"保存"命令，将文件保存为 report_cp. frx。

(11) 选择"文件"菜单中的"打印预览"命令，预览报表；如符合设计要求，关闭报表设计器，完成报表设计。

2. 与实验内容(2)对应的操作

(1) 数据库 db_sale 处于打开条件下，选择"文件"菜单中的"新建"命令，在"新建"对话框中选定文件类型为"报表"，单击"新建文件"按钮，打开"报表设计器"窗口，此时在系统菜单栏增加了"报表"菜单。

(2) 选择"显示"菜单中的"数据环境"命令，打开"数据环境设计器"窗口，选择"数据环境"菜单中的"添加"命令，在打开的"添加表或视图"对话框中选择 report_kh 视图，单击"添加"按钮将其添加到数据环境设计器中，关闭"添加表或视图"对话框。

(3) 选择"报表"菜单中的"标题/总结"命令，在弹出的"标题/总结"对话框中选中"标题带区"复选框，添加"标题"带区。

(4) 利用"报表控件"工具栏中的"线条"控件在"标题"和"页标头"带区中绘制直线，利用"格式"菜单中的"绘图笔"命令修改线条粗细；利用"标签"控件在各个带区中按图 1-10-3 所示添加相应的文本信息，利用"格式"菜单中的"字体"命令修改文本格式。

(5) 将"数据环境设计器"中对应的字段(产品编号、产品名称、销售时间、单价、数量)拖曳到“细节”带区的指定位置,并调整文字的格式和对齐方式。

(6) 单击“表单控件”工具栏上的“域控件”按钮,在“标题”带区添加系统日期,表达式为:DATE();同样的方法在“页注脚”带区添加页码信息,表达式为:"页码"+ALLTRIM(STR(_pageno))。

(7) 选择“报表”菜单中的“数据分组”命令,在弹出的“数据分组”对话框中设置“分组表达式”为:report_kh.客户。

(8) 在“组标头”带区中添加“域控件”,表达式为:ALLTRIM(report_kh.客户);在“组注脚”带区中添加两个“标签”控件,内容分别为“销售数量合计:”和“销售金额合计:”,添加两个“域控件”,内容分别为“report_kh.数量”和“report_kh.单价 * report_kh.数量”,并且在“报表表达式”对话框中单击“计算”按钮,在“计算字段”对话框中选择计算类型为“总和”,并按图1-10-3所示设置字体格式。

(9) 选择“文件”菜单中的“保存”命令,将文件保存为report_kh.frx。

(10) 选择“文件”菜单中的“打印预览”命令,预览报表;如符合设计要求,关闭报表设计器,完成报表设计。

3. 与实验内容(3)对应的操作

(1) 数据库db_sale处于打开条件下,选择“文件”菜单中的“新建”命令,在“新建”对话框中选定文件类型为“报表”,单击“新建文件”按钮,打开“报表设计器”窗口,此时在系统菜单栏增加了“报表”菜单。

(2) 选择“显示”菜单中的“数据环境”命令,打开“数据环境设计器”窗口,选择“数据环境”菜单中的“添加”命令,在打开的“添加表或视图”对话框中选择report_xssj视图,单击“添加”按钮将其添加到数据环境设计器中,关闭“添加表或视图”对话框。

(3) 选择“报表”菜单中的“标题/总结”命令,在弹出的“标题/总结”对话框中选中“标题带区”复选框,添加“标题”带区。

(4) 利用“报表控件”工具栏中的“线条”控件在“标题”和“页标头”带区中绘制直线,利用“格式”菜单中的“绘图笔”命令修改线条粗细;利用“标签”控件在各个带区中按图1-10-5所示添加相应的文本信息,利用“格式”菜单中的“字体”命令修改文本格式。

(5) 将“数据环境设计器”中对应的字段(产品编号、产品名称、客户、单价、数量)拖曳到“细节”带区的指定位置,并调整文字的格式和对齐方式。

(6) 单击“表单控件”工具栏上的“域控件”按钮,在“标题”带区添加系统日期,表达式为:DATE();同样的方法在“页注脚”带区添加页码信息,表达式为:"页码"+ALLTRIM(STR(_pageno))。

(7) 选择“报表”菜单中的“数据分组”命令,在弹出的“数据分组”对话框中设置“分组表达式”为:report_xssj.销售时间。

(8) 在“组标头”带区中添加“域控件”,表达式为:report_xssj.销售时间;在“组注脚”带区中添加两个“标签”控件,内容分别为“销售数量合计:”和“销售金额合计:”,添加两个“域控件”,内容分别为“report_xssj.数量”和“report_xssj.单价 * report_xssj.数量”,并且在“报表表达式”对话框中单击“计算”按钮,在“计算字段”对话框中选择计算类型为“总和”,并按图1-10-5所示设置字体格式。

(9) 选择“文件”菜单中的“保存”命令,将文件保存为report_xssj.frx。

(10) 选择“文件”菜单中的“打印预览”命令，预览报表；如符合设计要求，关闭报表设计器，完成报表设计。

实验思考

(1) 报表和标签的作用是什么？

(2) 根据实验的操作，说明“标签”控件和“域控件”按钮在添加信息时有什么区别。

(3) 在报表设计器中，如何修改文字的格式？

(4) 预览/打印标签的命令格式是什么？

实验 11　关系数据库标准语言 SQL(一)

实验目的

(1) 掌握数据定义(DDL)命令，即 CREATE、ALTER、DROP 命令的应用。

(2) 掌握数据操纵(DML)命令，即 INSERT、DELETE、UPDATE 命令的应用。

(3) 掌握数据查询(DQL)命令，即 SELECT 命令的基本格式和应用。

实验准备

1. SQL 语言

SQL(Structured Query Language)即结构化查询语言，是关系数据库语言的国际标准，其核心功能包括以下几个部分。

(1) 数据定义语言(DDL)：CREATE、ALTER、DROP。

(2) 数据操纵语言(DML)：INSERT、UPDATE、DELETE。

(3) 数据查询语言(DQL)：SELECT。

(4) 数据控制语言(DCL)：GRANT、REVOKE。

2. SQL DDL 语言的应用

1) CREATE 命令

格式：

```
CREATE  TABLE  <表名>(字段名1  数据类型(宽度[,小数位数]),;
                    字段名2  数据类型(宽度[,小数位数]),……)
```

2) ALTER 命令

格式 1：

```
ALTER  TABLE  <表名>  ADD  [COLUMN];
字段名  数据类型(宽度[,小数位数])
```

格式 2：

```
ALTER  TABLE  <表名>  RENAME  [COLUMN] 字段名 TO 新字段名
```

格式3:

```
ALTER  TABLE  <表名>  DROP  [COLUMN]  字段名
```

格式4:

```
ALTER  TABLE  <表名>  ALTER  [COLUMN];
字段名  数据类型(新宽度[,新小数位数])
```

3) DROP命令

格式:

```
DROP  TABLE  <表名>
```

3. SQL DML语言的应用

1) INSERT命令

格式:

```
INSERT  INTO  <表名>[(字段名列表)]  VALUES(表达式列表)
```

2) UPDATE命令

格式:

```
UPDATE  <表名>  SET  <字段名1>=<表达式1>;
                    [,<字段名2>=<表达式2>, …… ]  [WHERE  <更新条件>]
```

3) DELETE命令

格式:

```
DELETE  FROM  <表名>  [WHERE  <删除条件>]
```

实验内容

(1) 使用SQL CREATE命令建立名为Customer1.dbf的表文件,表结构如表1-11-1所示。

表1-11-1 Customer1表结构

字段名	数据类型	宽　度	小数位数	NULL
客户编号	字符型	10		
客户	字符型	20		
联系电话	字符型	17		√
联系地址	字符型	30		√
邮编	字符型	6		√

(2) 使用SQL ALTER命令为表Customer1.dbf增加一个字段:e_mail　C(20),允许空值。

(3) 使用SQL INSERT命令为表Customer1.dbf插入如下记录:

① ("1000101111","天地电子有限公司","0451-57350187","哈尔滨市南岗区中山路128号","150007","tddz@163.com")

②（"1000101114","中环商贸公司","0451-86543263","哈尔滨市道里区道里十二道街8号","150014","zhsm@yahoo.com.cn"）

③（"1000101118","海康电子","0451-57376555","哈尔滨市南岗区学府路211号","150025","hkdz@sohu.com"）

④（"1000102001","中兴电子","0458-8762911","伊春市林源路5号","158003","zxdz@126.com"）

⑤（"1000101112","传志电脑公司","0451-57350355","哈尔滨市道里区经纬街40号","150033","czdn@126.com"）

（4）使用SQL DELETE命令逻辑删除Customer1.dbf表的客户名称中含有"电子"两个字的客户记录。

（5）将学生个人移动存储设备上的xsgl文件夹设置为默认目录，将sales.dbf表中产品编号为"100201"的销售记录的销售时间更新为当前系统日期。

实验步骤

1．与实验内容（1）对应的操作

在Visual FoxPro 6.0命令窗口中输入并执行如下命令：

```
CREATE  TABLE  customer1(客户编号  C(10), 客户  C(20), ;
联系电话  C(17)  NULL, 联系地址  C(30)  NULL, 邮编 C(6)  NULL)
```

2．与实验内容（2）对应的操作

在Visual FoxPro 6.0命令窗口中输入并执行如下命令：

```
ALTER  TABLE  customer1  ADD  COLUMN  e_mail  C(20)  NULL
```

3．与实验内容（3）对应的操作

在Visual FoxPro 6.0命令窗口中依次输入并执行如下命令：

```
① INSERT  INTO  customer1  VALUES("1000101111","天地电子有限公司",;
  "0451 - 57350187","哈尔滨市南岗区中山路128号","150007","tddz@163.com")
② INSERT  INTO  customer1  VALUES("1000101114","中环商贸公司",;
  "0451 - 86543263","哈尔滨市道里区道里十二道街8号","150014","zhsm@yahoo.com.cn")
③ INSERT  INTO  customer1  VALUES("1000101118","海康电子",;
  "0451 - 57376555","哈尔滨市南岗区学府路211号","150025","hkdz@sohu.com")
④ INSERT  INTO  customer1  VALUES("1000102001","中兴电子",;
  "0458 - 8762911","伊春市林源路5号","158003","zxdz@126.com")
⑤ INSERT  INTO  customer1  VALUES("1000101112","传志电脑公司",;
  "0451 - 57350355","哈尔滨市道里区经纬街40号","150033","czdn@126.com")
```

4．与实验内容（4）对应的操作

在Visual FoxPro 6.0命令窗口中输入并执行如下命令：

```
DELETE  FROM  customer1  WHERE  "电子" $ 客户
```

或

```
DELETE  FROM  customer1  WHERE  客户  LIKE  "%电子%"
```

5. 与实验内容(5)对应的操作

打开 Visual FoxPro 6.0,将 xsgl 文件夹设置为默认目录,在命令窗口中输入并执行如下命令:

```
UPDATE  sales  SET  销售时间 = DATE( )  WHERE  产品编号 = "100201"
```

实验思考

(1) SQL 语言中的 CREATE 命令与 Visual FoxPro 6.0 中特有的 CREATE 命令的使用区别是什么?

(2) SQL 语言中的 DELETE 命令与 Visual FoxPro 6.0 中特有的 DELETE 命令的使用区别。

(3) 如何使用 SQL 语言中的 ALTER 命令为数据库表增加主索引和候选索引?

(4) 如何使用 SQL 语言中的 ALTER 命令为数据库表的字段设置有效性规则、错误提示信息和默认值?

实验 12　关系数据库标准语言 SQL(二)

实验目的

(1) 掌握数据定义(DDL)命令,即 CREATE、ALTER、DROP 命令的应用。

(2) 掌握数据操纵(DML)命令,即 INSERT、DELETE、UPDATE 命令的应用。

(3) 掌握数据查询(DQL)命令,即 SELECT 命令的基本格式和应用。

实验准备

1. 简单查询

格式:

```
SELECT  查询内容  FROM  数据源
```

说明:

“查询内容”可以有 3 种形式。

(1) 字段名列表:例如 SELECT　编号,姓名,性别,职称　FROM　rsb

(2) 表达式:例如 SELECT　姓名,基本工资+100　FROM　rsb

(3) 统计函数:例如 SELECT　AVG(基本工资)　AS　平均工资　FROM　rsb

常用的统计函数如下。

(1) MIN( ):求最小值。

(2) MAX( ):求最大值。

(3) COUNT( ):计算所选数据的行数。

(4) SUM( ):计算数值列的总和。

(5) AVG( ):计算数值列的平均值。

2. 条件查询

格式：

```
SELECT  查询内容  FROM  数据源  WHERE  <条件表达式>
```

3. 多表查询

多表查询时需要按照表间的公共字段作为联接条件，建立表间的临时关联。

1）等值联接

格式：

```
SELECT  查询内容  FROM  表名 1,表名 2 ;
WERER  表名 1.公共字段名 = 表名 2.公共字段名
```

2）非等值联接

格式：

```
SELECT  查询内容  FROM  表名 1,表名 2 ;
WERER 表名 1.公共字段名  <关系运算符>  表名 2.公共字段名
```

4. 联接查询

1）内部联接

格式：

```
SELECT  查询内容  FROM  表名 1  [INNER]  JOIN  表名 2 ;
ON  表名 1.公共字段名 = 表名 2.公共字段名
```

2）左外联接

格式：

```
SELECT  查询内容  FROM  表名 1  LEFT  [OUTER]  JOIN  表名 2 ;
ON  表名 1.公共字段名 = 表名 2.公共字段名
```

3）右外联接

格式：

```
SELECT  查询内容  FROM  表名 1  RIGHT  [OUTER]  JOIN  表名 2 ;
ON  表名 1.公共字段名 = 表名 2.公共字段名
```

4）完全联接

格式：

```
SELECT  查询内容  FROM  表名 1  FULL  [OUTER]  JOIN  表名 2 ;
ON  表名 1.公共字段名 = 表名 2.公共字段名
```

5. 相关查询子句

1）排序输出

```
ORDER  BY  <排序选项 1 > [ASC | DESC ] [, <排序选项 2 > [ASC|DESC], …… ]
```

2）分组统计

```
GROUP  BY  <分组字段>  [HAVING  <分组条件>]
```

3）输出记录数

```
TOP  n  [PERCENT]
```

4）去掉重复记录

```
DISTINCT
```

6. 查询去向

1）查询结果保存到表文件中

```
INTO  TABLE | DBF  <表名>
```

2）查询结果保存到临时表文件中

```
INTO  CURSOR  <临时表名>
```

3）查询结果保存到数组中

```
INTO  ARRAY  <数组名>
```

4）查询结果保存到文本文件中

```
TO  FILE  <文本文件名>
```

5）查询结果显示在屏幕中

```
TO  SCREEN
```

6）查询结果输出到打印机中

```
TO  PRINTER
```

实验内容

将学生个人移动存储设备上的 xsgl 文件夹设置为默认目录，完成如下实验内容：

(1) 从销售信息表(Sales. dbf)中查询 2013 年度的销售记录。

(2) 从产品信息表(Products. dbf)中查询所有单价大于或等于 1000 元的产品信息，查询结果包括产品编号、产品名称、生产厂商、单价和品牌字段，查询结果按单价降序排列。

(3) 从客户信息表(Customer. dbf)中查询“哈尔滨市”的客户信息(提示：联系地址中有“哈尔滨市”4 个字)。

(4) 从产品信息表(Products. dbf)、客户信息表(Customer. dbf)和销售信息表(Sales. dbf)中查询所有“笔记本电脑”的销售信息，结果包括产品编号、产品名称、生产厂商、销售时间、客户、数量和单价，查询结果按数量降序排列存储到表 bjbxs. dbf 中。

(5) 从产品信息表(Products. dbf)和销售信息表(Sales. dbf)中统计每种产品的销售数量和销售总金额，结果包括产品名称、数量和总金额(单价×数量的和)字段，并按总金额降序排列存储到表 cpxs. dbf 中。

实验步骤

打开 Visual FoxPro 6.0，将 xsgl 文件夹设置为默认目录，在命令窗口中依次输入如下命令并执行。

1. 与实验内容(1)对应的操作

```
SELECT  *  FROM  sales ;
WHERE  销售时间 >= {^2013-01-01} .and. 销售时间 <= {^2013-12-31}
```

或

```
SELECT  *  FROM  sales ;
WHERE  销售时间  BETWEEN  {^2013-01-01}  AND  {^2013-12-31}
```

2. 与实验内容(2)对应的操作

```
SELECT  产品编号,产品名称,生产厂商,单价,品牌  FROM  products ;
WHERE  单价>= 1000  ORDER  BY  单价  DESC
```

3. 与实验内容(3)对应的操作

```
SELECT  *  FROM  customer  WHERE  "哈尔滨市" $ 联系地址
```

或

```
SELECT  *  FROM  customer  WHERE  联系地址  LIKE  "%哈尔滨市%"
```

4. 与实验内容(4)对应的操作

```
SELECT  products.产品编号, products.产品名称, products.生产厂商, sales.销售时间,;
customer.客户, sales.数量, sales.单价  FROM  products, sales, customer ;
WHERE  products.产品编号 = sales.产品编号  AND ;
customer.客户编号 = sales.客户编号  AND  products.产品名称 = "笔记本电脑" ;
ORDER  BY  sales.数量  DESC  INTO  TABLE  bjbxs
```

或

```
SELECT  products.产品编号, products.产品名称, products.生产厂商, sales.销售时间,;
customer.客户, sales.数量, sales.单价  FROM  customer  INNER  JOIN  sales;
INNER  JOIN  products  ON  products.产品编号 = sales.产品编号;
ON  customer.客户编号 = sales.客户编号;
WHERE  products.产品名称 = "笔记本电脑";
ORDER  BY  sales.数量  DESC  INTO  TABLE  bjbxs
```

注意：选择"显示"菜单下的"浏览"命令，或者在命令窗口中输入并执行BROWSE命令查看查询结果。

5. 与实验内容(5)对应的操作

```
SELECT  products.产品名称, SUM(sales.数量)  AS  数量, ;
SUM(sales.单价 * sales.数量)  AS  总金额  FROM  products ;
INNER  JOIN  sales  ON  products.产品编号 = sales.产品编号 ;
GROUP  BY  products.产品名称 ;
ORDER  BY  总金额  DESC  INTO  TABLE  cpxs
```

或

```
SELECT  products.产品名称, SUM(sales.数量)  AS  数量, ;
```

```
SUM(sales.单价 * sales.数量)  AS  总金额  FROM  products,sales ;
WHERE  products.产品编号 = sales.产品编号  GROUP  BY  products.产品名称 ;
ORDER  BY  总金额  DESC  INTO  TABLE  cpxs
```


注意：选择"显示"菜单下的"浏览"命令，或者在命令窗口中输入并执行 BROWSE 命令查看查询结果。

实验思考

(1) 查询设计器中的各个选项卡的功能在 SQL-SELECT 命令中分别由哪些子句实现？

(2) 所有的 SQL-SELECT 命令都可以用查询设计器实现吗？如果不能，什么类型的 SELECT 语句无法用查询设计器实现？

(3) 什么是嵌套查询？如何实现嵌套查询？

实验 13　Visual FoxPro 程序设计(一)

实验目的

(1) 掌握程序文件的建立、修改、运行和调试的方法。

(2) 掌握顺序结构程序的特点和设计方法。

(3) 掌握选择结构程序的构成、特点和设计方法。

(4) 掌握循环结构程序的构成、特点和设计方法。

实验准备

1. Visual FoxPro 6.0 建立、修改、执行程序文件的命令

1) 建立程序文件

格式：

```
MODIFY  COMMAND | FILE  [<文件名>|?]
```

2) 修改程序文件

格式：

```
MODIFY  COMMAND  [<文件名>|?]
```

3) 执行程序文件

格式：

```
DO  <文件名>[.PRG]
```

2. 基本输入/输出语句

1) ACCEPT 命令

格式：

```
ACCEPT  ["提示"]  TO  <内存变量名>
```

说明：把用户从键盘输入的所有内容作为字符型常量赋值给指定的变量，以回车键结

束输入。

2）INPUT 命令

格式：

```
INPUT  ["提示"]  TO  <内存变量名>
```

说明：把用户从键盘输入的所有内容直接赋值给指定的变量，以回车键结束输入。输入的内容可以是数值型、字符型、货币型、日期型、日期时间型、逻辑型常量，也可以是变量。

3）WAIT 命令

格式：

```
WAIT  [<提示信息>]  [TO  <内存变量名>];
[WINDOWS  [AT  <行号>,<列号>]]  [TIMEOUT  <超时时间值>]
```

说明：当用户按键盘上的任意键，或达到<超时时间值>后结束 WAIT 命令，并把按键的字符作为字符型常量赋值给指定的变量。

3. 选择结构语句

1）IF…ENDIF 语句

格式：

```
IF  <条件>
    <若干语句行 1>
[ELSE
    <若干语句行 2>]
ENDIF
```

2）DO CASE…ENDCASE 语句

格式：

```
DO  CASE
    CASE  <条件 1>
        <若干语句行 1>
    CASE  <条件 2>
        <若干语句行 2>
    ⋮
    CASE  <条件 n>
        <若干语句行 n>
[OTHERWISE
    <若干语句行 n+1>]
ENDCASE
```

实验内容

将学生个人移动存储设备上的 xsgl 文件夹设置为默认目录，完成如下实验内容：

(1) 建立主程序 main.prg。要求：对 VFP 工作环境(例如时间显示方式、默认工作路径、系统菜单等)进行配置，启动事件处理程序。

(2) 设计“幸运 7 游戏机”表单 xy7.scx。要求：表单运行时，单击“开始”按钮，该按钮的标题更改为“停止”，“重置”按钮变为不可用，并且在 3 个文本框中随机出现 0～9 的数字；

单击“停止”按钮,该按钮的标题更改为“开始”并变为不可用,“重置”按钮变为可用,并且3个文本框中的数字停止变化,此时如果3个数字中有“7”出现标签显示“胜利”(如图1-13-1所示),无“7”出现则标签显示“失败”(如图1-13-2所示);单击“重置”按钮,3个文本框中的数字清空,该按钮变为不可用,“开始”按钮可用;单击“退出”按钮关闭表单。

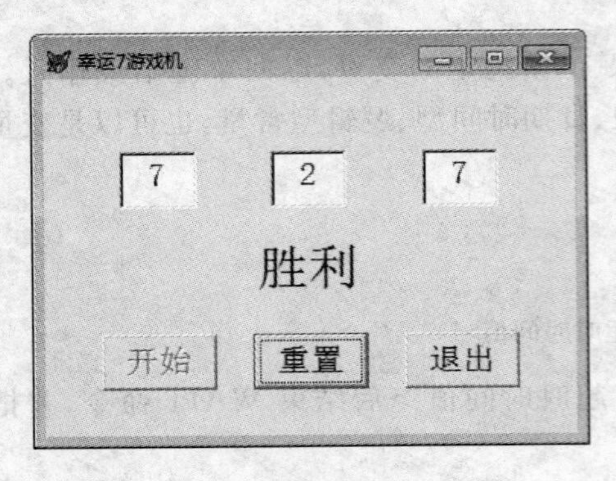

图 1-13-1　运行界面(有“7”出现)

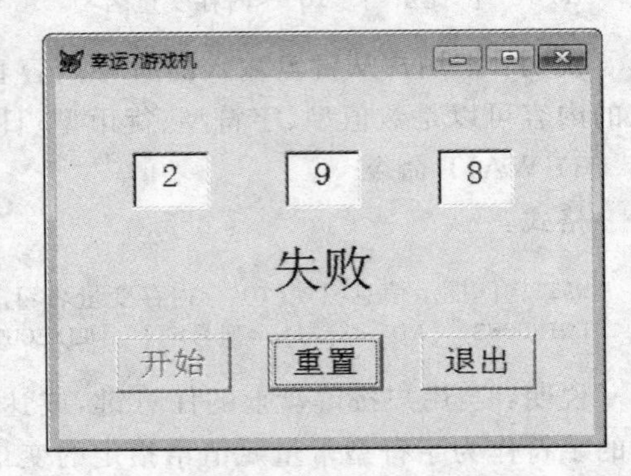

图 1-13-2　运行界面(无“7”出现)

实验步骤

1. 与实验内容(1)对应的操作

(1) 打开 Visual FoxPro 6.0,将 xsgl 文件夹设置为默认目录,然后选择“文件”菜单中的“新建”命令,在“新建”对话框中选定文件类型为“程序”,单击“新建文件”按钮,打开程序代码编辑窗口。

(2) 在程序代码编辑窗口中输入如下代码:

```
*在程序执行期间废止 Visual  FoxPro  6.0 主菜单栏
SET  SYSMENU  OFF
*关闭命令响应
SET  TALK  OFF
*当覆盖磁盘上的文件时不提示,当程序编好后,不会错误覆盖文件
SET  SAFETY  OFF
*设置日期显示格式为 ANSI(美国国家标准协会)格式
SET  DATE  TO  ANSI
*日期显示世纪值
SET  CENTURY  ON
*设置默认目录(根据实际路径修改)
SET  DEFAULT  TO  E:\xsgl
*执行 welcome 表单
DO  FORM  welcome
*启动事件处理程序
*建立一个事件循环来等待用户的交互使用
READ  EVENTS
*恢复 Visual  FoxPro  6.0 系统主菜单栏
SET  SYSMENU  TO  DEFAULT
CLOSE  ALL
CANCEL
```

(3) 选择“文件”菜单中的“保存”命令保存程序,程序文件名为main.prg,关闭程序代码编辑窗口。

2. 与实验内容(2)对应的操作

(1) 选择“文件”菜单中的“新建”命令,在“新建”对话框中选定文件类型为“表单”,单击“新建文件”按钮,打开“表单设计器”。

(2) 利用“表单控件工具栏”在表单中添加3个文本框、一个标签、3个命令按钮和3个计时器控件。

(3) 在“属性”窗口中分别为各个控件设置属性,如表1-13-1所示。

表 1-13-1 表单中主要控件的属性设置

对象名	属　性	对象名	属　性
Form1	AutoCenter:.T.-真 Caption:幸运7游戏机	Command1	Caption:开始 Fontsize:16
		Command2	Caption:重置 Fontsize:16
Text1～3	Alignment:2-居中 Fontsize:16	Command3	Caption:退出 Fontsize:16
Label1	AutoSize:.T.-真 Caption: Fontsize:24	Timer1	Interval:49
		Timer2	Interval:51
		Timer3	Interval:50

此外,查看各个控件的TabIndex属性,将TabIndex属性值为1的控件和“退出”按钮(Command3)这两个控件的TabIndex属性值交换,使“退出”按钮的TabIndex属性值为1。属性设置完毕后的表单界面如图1-13-3所示。

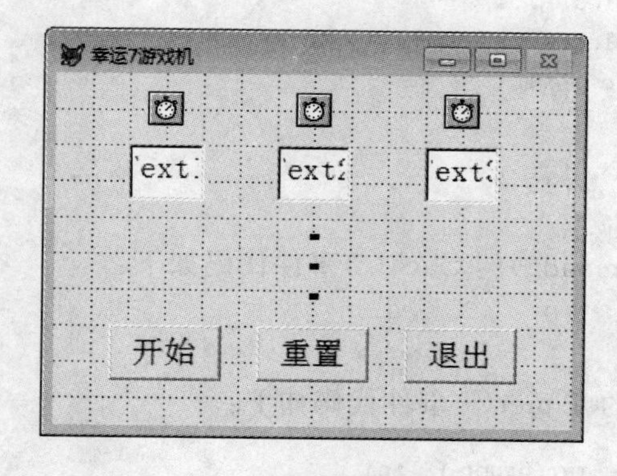

图 1-13-3 表单属性设置后的界面

(4) 主要事件。

① 表单(Form1)的Init()事件代码如下:

```
Thisform.Timer1.Enabled = .F.
Thisform.Timer2.Enabled = .F.
Thisform.Timer3.Enabled = .F.
```

② “开始”按钮(Command1)的 Click( )事件代码如下：

```
IF  Thisform.Command1.Caption = "开始"
    Thisform.Command1.Caption = "停止"
    Thisform.Command2.Enabled = .F.
    Thisform.Timer1.Enabled = .T.
    Thisform.Timer2.Enabled = .T.
    Thisform.Timer3.Enabled = .T.
ELSE
    Thisform.Command1.Caption = "开始"
    Thisform.Command2.Enabled = .T.
    Thisform.Command1.Enabled = .F.
    Thisform.Timer1.Enabled = .F.
    Thisform.Timer2.Enabled = .F.
    Thisform.Timer3.Enabled = .F.
    IF  Thisform.Text1.Value = 7;
     OR  Thisform.Text2.Value = 7  OR  Thisform.Text3.Value = 7
        Thisform.Label1.Caption = "胜利"
        Thisform.Label1.Left = Thisform.Width / 2 - Thisform.Label1.Width / 2
        Thisform.Label1.Visible = .T.
    ELSE
        Thisform.Label1.Caption = "失败"
        Thisform.Label1.Left = Thisform.Width / 2 - Thisform.Label1.Width / 2
        Thisform.Label1.Visible = .T.
    ENDIF
ENDIF
```

③ “重置”按钮(Command2)的 Click( )事件代码如下：

```
Thisform.Command1.Enabled = .T.
Thisform.Command2.Enabled = .F.
Thisform.Label1.Visible = .F.
Thisform.Text1.Value = ""
Thisform.Text2.Value = ""
Thisform.Text3.Value = ""
```

④ “退出”按钮(Command3)的 Click( )事件代码如下：

```
Thisform.Release
```

⑤ 计时器(Timer1)的 Timer( )事件代码如下：

```
Thisform.Text1.Value = INT(RAND( ) * 10)
```

⑥ 计时器(Timer2)的 Timer( )事件代码如下：

```
Thisform.Text2.Value = INT(RAND( ) * 10)
```

⑦ 计时器(Timer3)的 Timer( )事件代码如下：

```
Thisform.Text3.Value = INT(RAND( ) * 10)
```

(5) 选择“文件”菜单中的“保存”命令保存表单，表单文件名为 xy7.scx。

实验思考

（1）在表中查找满足条件的记录时，除利用 FOUND( )函数的返回值为真或假作为选择结构的条件以外，还可以用什么表达式作为条件？

（2）多分支选择结构 DO CASE…ENDCASE 中，如果同时有多个条件为真，应该执行哪组语句？

实验 14　Visual FoxPro 程序设计（二）

实验目的

（1）掌握程序文件的建立、修改、运行和调试的方法。

（2）掌握顺序结构程序的特点和设计方法。

（3）掌握选择结构程序的构成、特点和设计方法。

（4）掌握循环结构程序的构成、特点和设计方法。

实验准备

1. 循环结构

1）当型循环结构（DO WHILE…ENDDO 语句）

格式：

```
DO  WHILE  <条件>
    [命令序列]
ENDDO
```

2）步长型循环结构（FOR…ENDFOR 语句）

格式：

```
FOR  <循环变量> = <初值>  TO  <终值>  [STEP  <步长值>]
    [命令序列]
ENDFOR | NEXT
```

3）扫描型循环结构（SCAN…ENDSCAN 语句）

格式：

```
SCAN  [<范围>]  [FOR  <条件>|WHILE  <条件>]
    [命令序列]
ENDSCAN
```

2. 模块化程序

1）过程定义

```
PROCEDURE  <过程名>
[PARAMETERS | LPARAMETERS  <形参列表>]
    <过程体>
[ENDPROC]
```

2) 过程调用

格式 1：

```
DO  <过程名>  [WITH  <实参列表>]
```

格式 2：

```
<过程名>([实参列表])
```

实验内容

(1) 建立用于图形显示的表单,表单文件名为 txxs.scx。要求:该表单运行时,用户在文本框中输入一个整数(例如 8),单击“显示”按钮,则在列表框中显示由“ * ”构成的 8 层的等腰三角形;单击“退出”按钮,关闭表单。表单运行界面如图 1-14-1 所示。

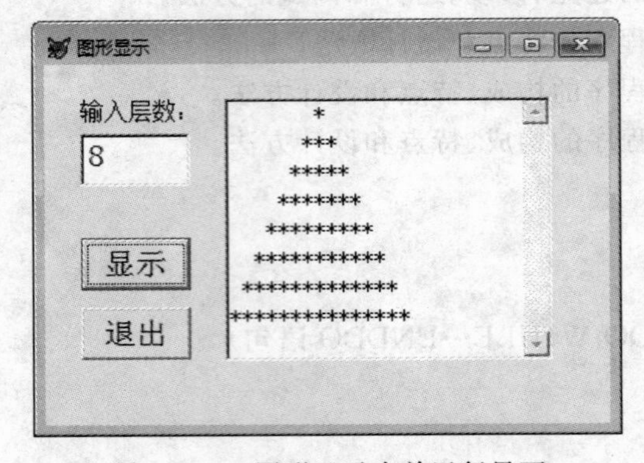

图 1-14-1　图形显示表单运行界面

(2) 建立用于数值计算的表单,表单文件名为 szjs.scx。该表单运行时,用户在文本框中输入一个整数,单击“计算”按钮,则分别计算出该数各个位置上的数字的和、积,以及该数对应的逆序数,并在相应的文本框中显示出来;单击“退出”按钮,关闭表单。表单运行界面如图 1-14-2 所示。当用户输入的数据非法时,能够弹出相应的对话框提示用户,此时表单运行界面如图 1-14-3 所示。

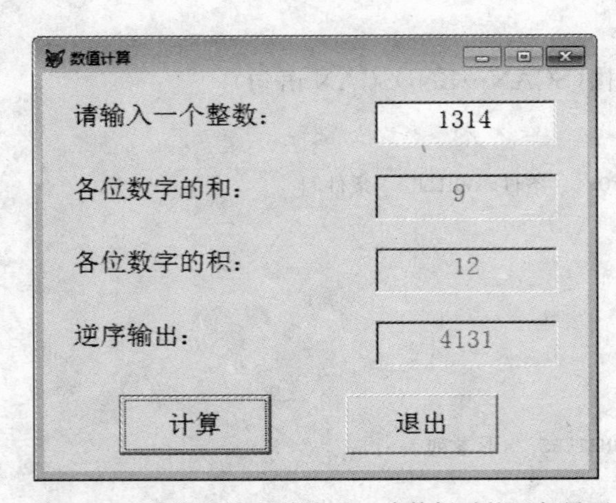

图 1-14-2　数值计算表单输入正确数据时的运行界面

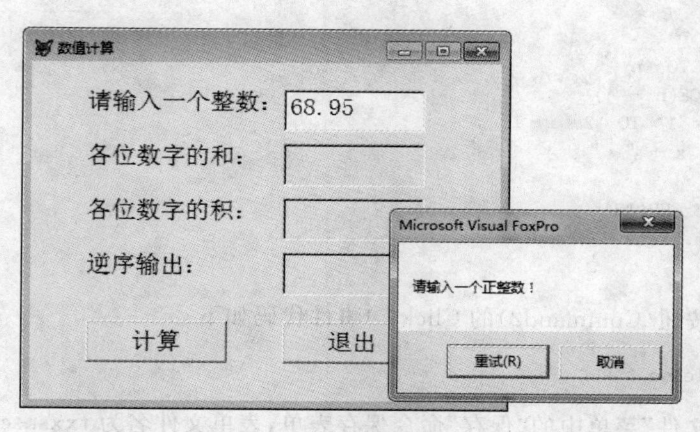

图 1-14-3　数值计算表单输入非法数据时的运行界面

实验步骤

1. 与实验内容(1)对应的操作

(1) 选择“文件”菜单中的“新建”命令,在“新建”对话框中选定文件类型为“表单”,单击“新建文件”按钮,打开“表单设计器”。

(2) 利用“表单控件工具栏”在表单中添加一个标签、一个文本框、两个命令按钮和一个列表框控件。

(3) 在“属性”窗口中分别为各个控件设置属性,如表 1-14-1 所示。

属性设置完毕后的表单界面如图 1-14-4 所示。

表 1-14-1　表单中主要控件的属性设置

对　象　名	属　　性
Form1	AutoCenter: .T.-真 Caption: 图形显示
Label1	AutoSize: .T.-真 Caption: 输入层数: Fontsize: 12
Text1	Fontsize: 16
Command1	Caption: 显示 Fontsize: 16
Command2	Caption: 退出 Fontsize: 16

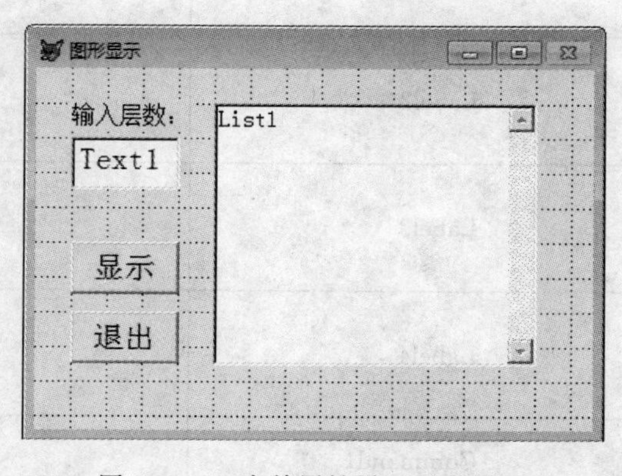

图 1-14-4　表单属性设置后的界面

(4) 主要事件。

① 文本框(Text1)的 GotFocus( )事件代码如下:

```
Thisform.Text1.Value = ""
Thisform.List1.Clear
```

② “显示”按钮(Command1)的 Click( )事件代码如下:

```
n = VAL(Thisform.Text1.Value)
```

```
x = ""
FOR  i = 1  TO  n
    x = SPACE(n - i)
    FOR  j = 1  TO  2*i-1
       x = x + "*"
    ENDFOR
    x = x + CHR(13)
    Thisform.List1.AddItem(x)
ENDFOR
```

③ “退出”按钮(Command2)的 Click( )事件代码如下：

```
Thisform.Release
```

(5) 选择“文件”菜单中的“保存”命令保存表单，表单文件名为 txxs.scx。

2. 与实验内容(2)对应的操作

(1) 选择“文件”菜单中的“新建”命令，在“新建”对话框中选定文件类型为“表单”，单击“新建文件”按钮，打开“表单设计器”。

(2) 利用“表单控件工具栏”在表单中添加 4 个标签、4 个文本框和两个命令按钮控件。

(3) 在“属性”窗口中分别为各个控件设置属性，如表 1-14-2 所示。

表 1-14-2　表单中主要控件的属性设置

对　象　名	属　　性
Form1	AutoCenter：.T.-真 Caption：数值计算
Label1	AutoSize：.T.-真 Caption：请输入一个整数： Fontsize：16
Label2	AutoSize：.T.-真 Caption：各位数字的和： Fontsize：16
Label3	AutoSize：.T.-真 Caption：各位数字的积： Fontsize：16
Label4	AutoSize：.T.-真 Caption：逆序输出： Fontsize：16
Command1	Caption：计算 Fontsize：16
Command2	Caption：退出 Fontsize：16
Text1	Alignment：2-居中 Fontsize：16
Text2～4	Alignment：2-居中 Enabled：.F.-假 Fontsize：16

属性设置完毕后的表单界面如图 1-14-5 所示。

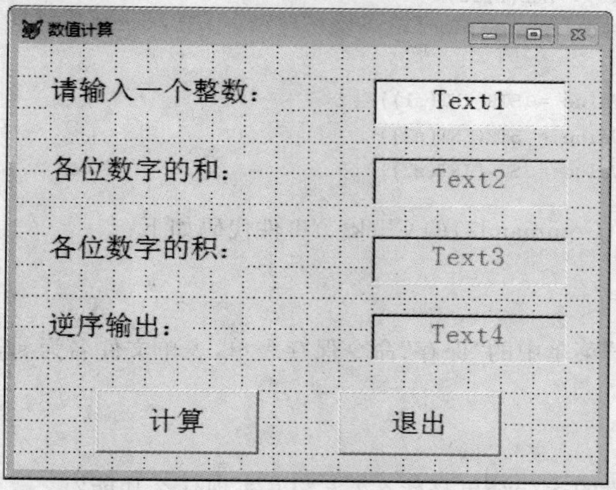

图 1-14-5　表单属性设置后的界面

(4) 主要事件。

① 表单(Form1)的 Init( )事件代码如下：

```
PUBLIC  n
```

② 文本框(Text1)的 GotFocus( )事件代码如下：

```
Thisform.Text1.Value = ""
Thisform.Text2.Value = ""
Thisform.Text3.Value = ""
Thisform.Text4.Value = ""
```

③ 文本框(Text1)的 LostFocus( )事件代码如下：

```
n = VAL(ALLTRIM(Thisform.Text1.Value))
IF  n != INT(n)  OR  n <= 0
    a = MESSAGEBOX("请输入一个正整数!",5)
    IF  a = 4
        Thisform.Text1.Value = ""
    ELSE
        Thisform.Release
    ENDIF
ENDIF
```

④ “计算”按钮(Command1)的 Click( )事件代码如下：

```
s1 = 0
s2 = 1
s3 = 0
DO  WHILE  n > 0
    s1 = s1 + MOD(n,10)
```

```
        s2 = s2 * MOD(n,10)
        s3 = s3 * 10 + MOD(n,10)
        n = INT(n / 10)
    ENDDO
    Thisform.Text2.Value = STR(INT(s1))
    Thisform.Text3.Value = STR(INT(s2))
    Thisform.Text4.Value = STR(INT(s3))
```

⑤ “退出”按钮(Command2)的 Click( )事件代码如下：

```
Thisform.Release
```

(5) 选择“文件”菜单中的“保存”命令保存表单，表单文件名为 szjs.scx。

实验思考

(1) 下列程序段的运行结果是什么？EXIT 实现什么功能？

```
STORE  0  TO  i,s
DO  WHILE  .T.
    IF  s<50
        i=i+3
    ELSE
        EXIT
    ENDIF
    s=s+i
ENDDO
?i,s
RETURN
```

(2) 下列程序段的运行结果是什么？LOOP 实现什么功能？

```
CLEAR
STORE  1  TO  x
STORE  30  TO  y
DO  WHILE  x<=y
    IF  INT(x/2) <> x/2
        x = 1 + x^2
        y = y + 1
        LOOP
    ELSE
        x = x + 1
    ENDIF
ENDDO
?x
?y
RETURN
```

(3) 编写程序输出如下图形(提示：利用嵌套循环实现)。

```
    1
   222
  33333
 4444444
555555555
```

实验 15　Visual FoxPro 应用系统测试与发布

实验目的

(1) 掌握项目文件的创建、修改的方法。

(2) 掌握项目管理器的使用。

(3) 掌握设置主文件的方法。

(4) 掌握应用程序的连编与发布。

实验准备

1. 项目文件的建立和修改

1) 建立项目文件

(1) 菜单方式。

选择“文件”→“新建”→“项目”命令。

(2) 命令方式。

```
CREATE  PROJECT  [<项目文件名> | ?]
```

2) 修改项目文件

(1) 菜单方式。

选择“文件”→“打开”命令,文件类型为“项目”命令。

(2) 命令方式。

```
MODIFY  PROJECT  [<项目文件名> | ?]
```

2. 项目管理器

项目管理器包括全部、数据、文档、类、代码、其他 6 个选项卡,如图 1-15-1 所示。

其中,“数据”选项卡用于管理数据库(包括数据库表、视图和连接)、自由表和查询;“文档”选项卡用于管理表单、报表和标签;“代码”选项卡用于管理程序、API 库和应用程序;“其他”选项卡用于管理菜单、文本文件和其他文件;“全部”选项卡则用于管理所有文件,包含其他 5 个选项卡的所有内容。

3. 设置主文件以及文件的包含、排除和重命名

1) 菜单方式

打开项目管理器,选择“项目”菜单下的“设置主文件”、“排除”|“包含”、“重命名文件”命令。

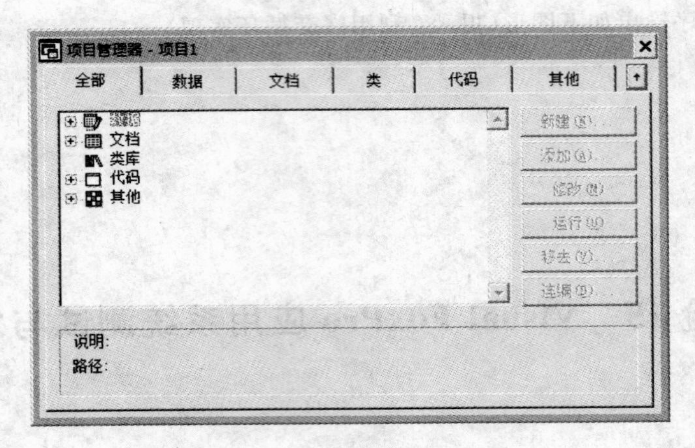

图 1-15-1　项目管理器

2) 快捷菜单方式

打开项目管理器，在文件名上右击，在弹出的快捷菜单中选择“设置主文件”、“排除”|“包含”、“重命名”命令。

4. 应用程序的连编和发布

1) 连编

(1) 菜单方式。

选择“项目”→“连编”命令。

(2) 快捷方式。

单击“项目管理器”中的“连编”命令按钮。

(3) 命令方式。

```
BUILD  APP | EXE | DLL  <应用程序名>  FROM  <项目文件名>
```

2) 发布

选择“工具”→“向导”→“安装”命令。

实验内容

将学生个人移动存储设备上的 xsgl 文件夹设置为默认目录，完成如下实验内容：

(1) 创建项目文件 xsgl. pjx。

(2) 将已创建好的各类文件添加到项目文件 xsgl. pjx 中。

(3) 设置程序 main. prg 为主文件。

(4) 连编应用程序。

(5) 发布应用程序。

实验步骤

1. 与实验内容(1)对应的操作

1) 菜单方式

打开 Visual FoxPro 6. 0，将 xsgl 文件夹设置为默认目录，然后选择“文件”菜单中的“新建”命令，在“新建”对话框中选定文件类型为“项目”，单击“新建文件”按钮，在打开的“创建”对话框中输入项目文件名“xsgl.pjx”，单击“保存”按钮，项目文件创建完成，并自动打开项目管理器。

2）命令方式

打开 Visual FoxPro 6.0，将 xsgl 文件夹设置为默认目录，然后在命令窗口中输入并执行如下命令：

```
CREATE  PROJECT  xsgl
```

项目文件创建完成，并自动打开项目管理器。

2. 与实验内容(2)对应的操作

在“项目管理器”中选择要添加的文件类型，单击右侧的“添加”按钮，在弹出的“打开”对话框中选中要添加到项目管理器中的文件，单击“确定”按钮即可完成添加。

需要添加的文件包括如下。

（1）数据库：db_sale、db_system

（2）表单：check、customer、main、product、sell、welcome、xgmm、zsyh

（3）报表：report_cp、report_kh、report_xssj

（4）程序：main

（5）菜单：xsgl

（6）其他文件：123.jpg、backpic.jpg

3. 与实验内容(3)对应的操作

在“项目管理器”的“代码”选项卡下选中 main 程序文件，单击“项目”菜单下的“设置主文件”命令，即可将 main.prg 程序设置为主文件。

4. 与实验内容(4)对应的操作

将 Windows\System32(或 Windows\system)文件夹下的动态链接库文件 VFP6R.dll 和 VFP6RCHS.dll 复制到发布目录下(即 xsgl 文件夹)，在“项目管理器”中单击右侧的“连编”按钮，在弹出的“连编选项”对话框中选中“连编应用程序”单选按钮，并将“重新编译全部文件”和“显示错误”复选框选中，如图 1-15-2 所示；单击“确定”按钮，在弹出的“另存为”对话框中输入应用程序名“xsgl.app”，单击“保存”按钮，应用程序连编完成。

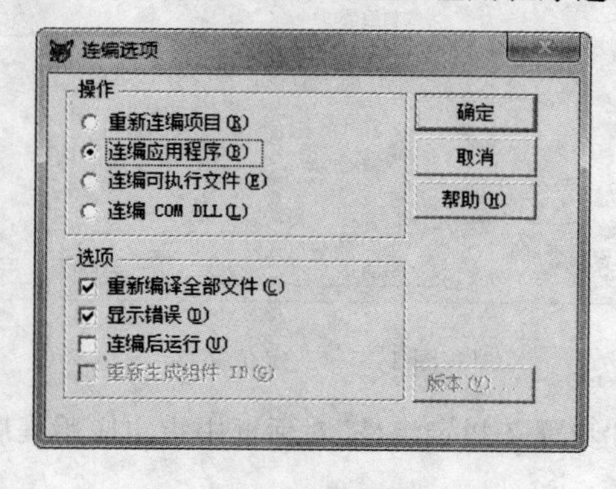

图 1-15-2 “连编选项”对话框

5. 与实验内容(5)对应的操作

操作步骤如下：

(1) 创建用户的发布目录(本例在E驱动器下建立FB文件夹作为发布目录)。

(2) 发布应用程序需要可执行程序，因此重新按照实验内容(4)的方法重新连编项目，在“连编选项”对话框中选中“连编可执行文件”单选按钮，重新连编成可执行文件 xsgl.exe。连编成功后关闭项目管理器。

(3) 选择“工具”菜单下的“向导”命令，在级联菜单中选择“安装”命令，弹出安装向导对话框，如图1-15-3所示。

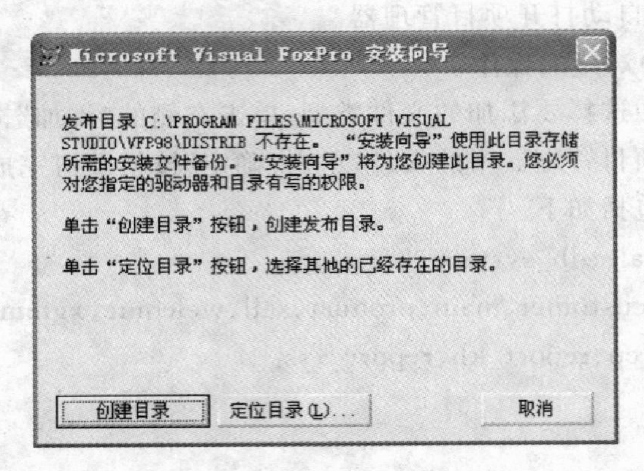

图1-15-3 安装向导

(4) 在“安装向导”对话框中单击“定位目录”按钮，选择步骤(1)建立的FB文件夹。

(5) 在“安装向导”的“步骤1-定位文件”对话框中选择发布树的目录(本例选择E:\XSGL)，如图1-15-4所示。

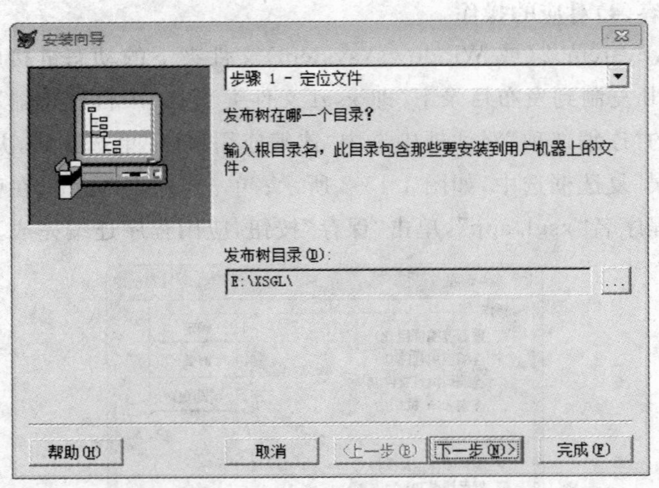

图1-15-4 定位文件

(6) 在“安装向导”的“步骤2-指定组件”对话框中指定应用程序所需的组件，如图1-15-5所示。

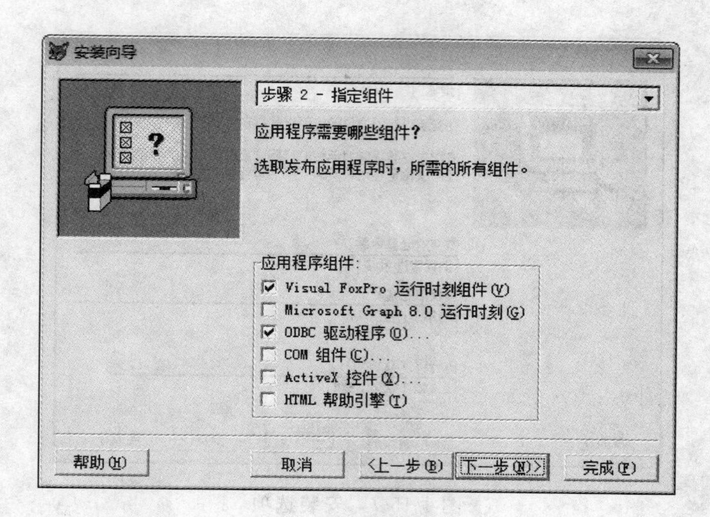

图 1-15-5　指定组件

(7) 在"安装向导"的"步骤 3-磁盘映像"对话框中创建磁盘映像(本例选择 E:\FB),即选择磁盘映像的保存目录及磁盘映像的类型,如图 1-15-6 所示。

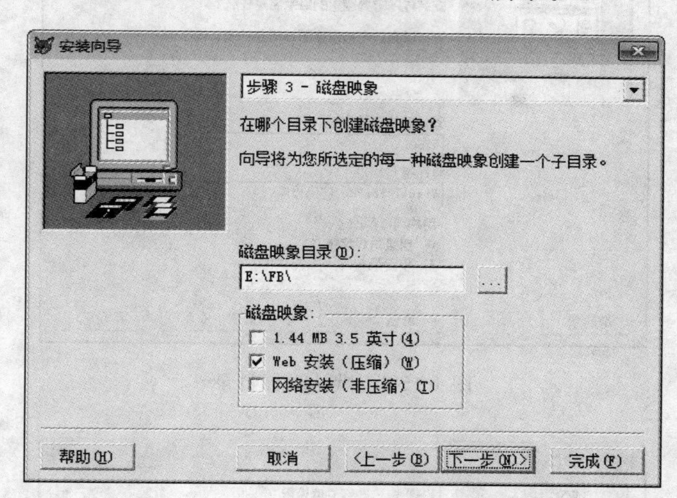

图 1-15-6　磁盘映像

(8) 在"安装向导"的"步骤 4-安装选项"对话框中为应用程序指定标识,即设置安装对话框的标题、版权信息及运行的程序,如图 1-15-7 所示。

(9) 在"安装向导"的"步骤 5-默认目标目录"对话框中设定程序安装的位置及程序组名称,如图 1-15-8 所示。

(10) 在"安装向导"的"步骤 6-改变文件设置"对话框中确定是否更改文件的设置,如图 1-15-9 所示。

(11) 在"安装向导"的"步骤 7-完成"对话框中单击"完成"按钮,如图 1-15-10 所示,完成安装程序的配置工作。

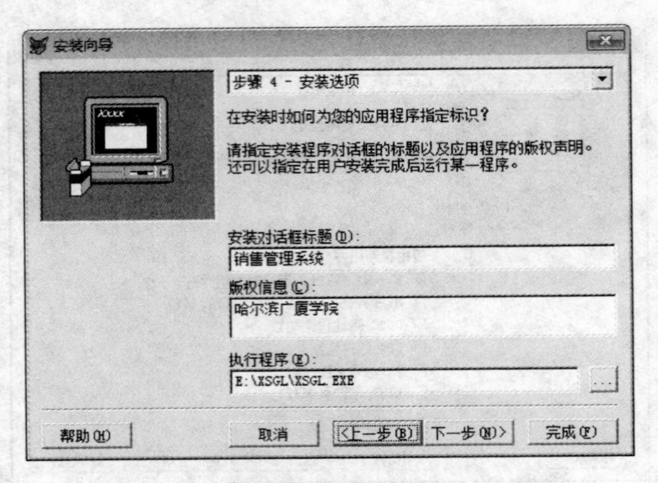

图 1-15-7 安装选项

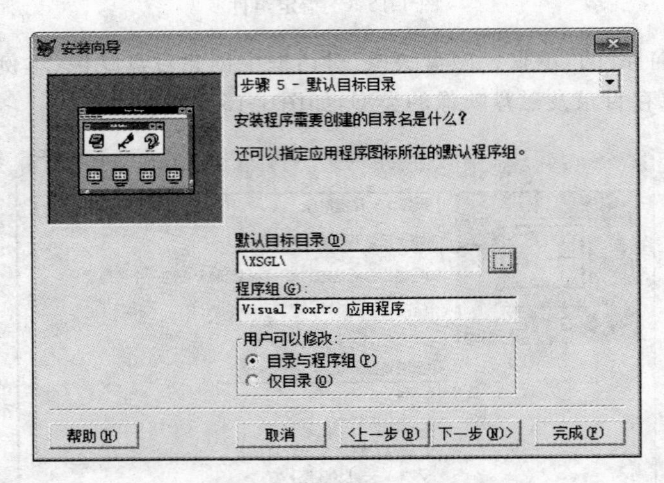

图 1-15-8 默认目标目录

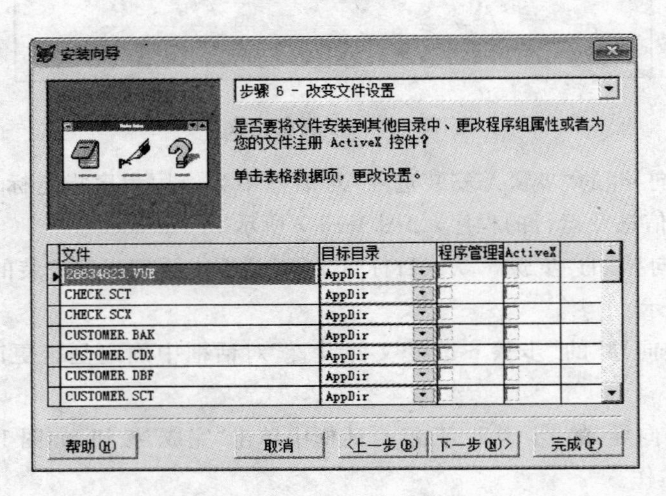

图 1-15-9 改变文件设置

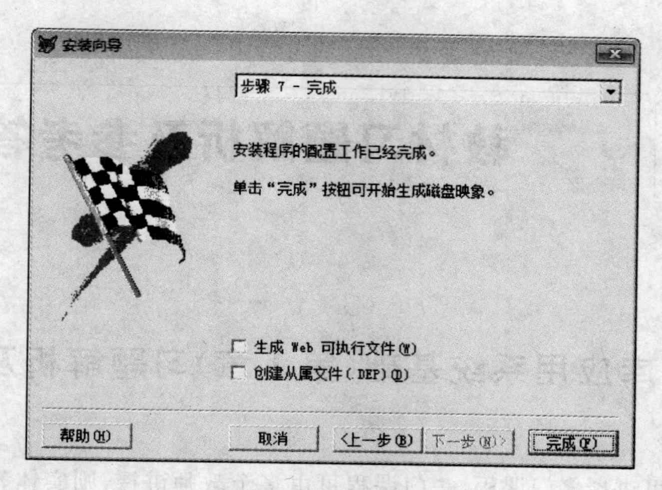

图 1-15-10 完成

实验思考

（1）什么类型的文件可以设置为主文件？

（2）主文件的作用是什么？

第二篇 教材习题解析及参考答案

2.1 数据库应用系统基础(第1章)习题解析及参考答案

一、选择题

1. 一个教师可讲授多门课程,一门课程可由多个教师讲授,则实体教师和课程间的联系是(　　)。

A. 1∶1联系　　B. 1∶m联系　　C. m∶1联系　　D. m∶n联系

【题目分析】 实体间的联系包括一对一、一对多、多对一和多对多联系4种。A实体的一个对象对应B实体的多个对象,而B实体的一个对象对应A实体的多个对象,则A、B实体间具有多对多的联系。

【正确答案】 D

2. 一个工作人员可以使用多台计算机,而一台计算机可被多个人使用,则实体工作人员与实体计算机之间的联系是(　　)。

A. 一对一　　B. 一对多　　C. 多对多　　D. 多对一

【题目分析】 实体间的联系包括一对一、一对多、多对一和多对多联系4种。A实体的一个对象对应B实体的多个对象,而B实体的一个对象对应A实体的多个对象,则A、B实体间具有多对多的联系。

【正确答案】 C

3. 数据库设计中,用E-R图来描述信息结构但不涉及信息在计算机中的表示,它属于数据库设计的(　　)。

A. 需求分析阶段　　B. 逻辑设计阶段

C. 概念设计阶段　　D. 物理设计阶段

【题目分析】 需求分析阶段用于了解用户的数据需求、处理需求、安全性及完整性要求,最终结果是产生需求规格说明书;概念设计阶段通过数据抽象,设计系统概念模型,一般为E-R模型;逻辑结构设计阶段设计系统的模式和外模式,对于关系模型主要是基本表和视图;物理结构设计阶段设计数据的存储结构和存取方法,如索引的设计。

【正确答案】 C

4. 在E-R图中,用来表示实体联系的图形是(　　)。

A. 椭圆形　　B. 矩形　　C. 菱形　　D. 三角形

【题目分析】 E-R图也称实体-联系图,提供了表示实体类型、属性和联系的方法,用来描述现实世界的概念模型;用矩形表示实体型,矩形框内写明实体名;用椭圆表示实体的属性,椭圆内写明属性名,并用无向边将属性与相应的实体型连接起来;用菱形表示实体型之间的联系,在菱形框内写明联系名,并用无向边分别与有关实体型连接起来,同时在无向边旁标上联系的类型(1∶1、1∶n或m∶n)。

【正确答案】 C

5. 将E-R图转换为关系模式时,实体和联系都可以表示为(   )。

A. 属性　　B. 键　　C. 关系　　D. 域

【题目分析】 从E-R图到关系模式的转换是比较直接的,实体与联系都可以表示成关系,E-R图中属性转换成关系的属性,实体集也可以转换成关系。

【正确答案】 C

6. 对于现实世界中事物的特征,在实体-联系模型中使用(   )。

A. 属性描述　　B. 关键字描述　　C. 二维表格描述　　D. 实体描述

【题目分析】 E-R图是用来描述现实世界的概念模型;具有相同属性的实体具有相同的特征和性质,用实体名及其属性名集合来抽象和刻画同类实体;而实体所具有的某一特性即为该实体的属性。

【正确答案】 A

7. 下列关于数据库设计的叙述中,正确的是(   )。

A. 在需求分析阶段建立数据字典

B. 在概念设计阶段建立数据字典

C. 在逻辑设计阶段建立数据字典

D. 在物理设计阶段建立数据字典

【题目分析】 数据字典是在数据库设计时用到的一种工具,用来描述数据库中基本表的设计,主要包括字段名、数据类型、主键、外键等描述表的属性的内容。

【正确答案】 A

二、填空题

1. 数据库设计的4个阶段是需求分析、概念设计、逻辑设计和________。

【正确答案】 物理设计

2. 设有学生和班级两个实体,每个学生只能属于一个班级,一个班级可以有多名学生,则学生和班级实体之间的联系类型是________。

【正确答案】 多对一联系

3. 在数据库技术中,实体集之间的联系可以是一对一或一对多或多对多的,那么"学生"和"可选课程"的联系为________。

【正确答案】 多对多联系

4. 在E-R图中,图形包括矩形框、菱形框、椭圆框。其中表示实体联系的是________框。

【正确答案】 菱形

2.2 Visual FoxPro数据库和表(第2章)习题解析及参考答案

一、选择题

1. 下列与修改表结构相关的命令是(   )。

A. INSERT　　B. ALTER　　C. UPDATE　　D. CREATE

【题目分析】 INSERT命令用于向表中插入记录;ALTER命令用于修改表结构;

UPDATE 命令用于更新记录的字段值；CREATE 命令用于新建文件。

【正确答案】 B

2. 在 Visual FoxPro 中，若建立索引的字段值不允许重复，并且一个表中只能创建一个，这种索引应该是(　　)。

A. 主索引　　B. 唯一索引　　C. 候选索引　　D. 普通索引

【题目分析】 字段值不允许重复，可以建立主索引或候选索引；一个表中最多只能创建一个主索引，其他索引都可以创建多个。

【正确答案】 A

3. 在 Visual FoxPro 中，下面描述正确的是(　　)。

A. 数据库表允许对字段设置默认值

B. 自由表允许对字段设置默认值

C. 自由表或数据库表都允许对字段设置默认值

D. 自由表或数据库表都不允许对字段设置默认值

【题目分析】 只有数据库表可以设置字段有效性规则、错误提示信息和默认值，而自由表则不能。

【正确答案】 A

4. 在 Visual FoxPro 中，有关参照完整性的删除规则，正确的描述是(　　)。

A. 如果删除规则选择的是"限制"，则当用户删除父表中的记录时，系统将自动删除子表中的所有相关记录

B. 如果删除规则选择的是"级联"，则当用户删除父表中的记录时，系统将禁止删除与子表相关的父表中的记录

C. 如果删除规则选择的是"忽略"，则当用户删除父表中的记录时，系统不负责检查子表中是否有相关记录

D. 上面三种说法都不对

【题目分析】 参照完整性的删除规则包括级联、限制和忽略。级联：当用户删除父表的记录时，系统自动删除子表中的所有相关记录；限制：当用户删除父表的记录时，系统将禁止删除与子表相关的父表中的记录；忽略：当用户删除父表中的记录时，系统不负责检查子表中是否有相关记录。

【正确答案】 C

5. 在数据库中建立表的命令是(　　)。

A. CREATE　　B. CREATE DATABASE

C. CREATE QUERY　　D. CREATE FORM

【题目分析】 CREATE 命令用于建立表；CREATE DATABASE 命令用于建立数据库；CREATE QUERY 命令用于建立查询；CREATE FORM 命令用于建立表单。

【正确答案】 A

6. 在 Visual FoxPro 中，"表"是指(　　)。

A. 报表　　B. 关系　　C. 表格控件　　D. 表单

【题目分析】 Visual FoxPro 是一种关系数据库管理系统，而一个关系就是一张二维表；报表是按特定格式输出数据的文件；表单是设计窗口、对话框这种图形用户界面的文

件；表格是表单中用于显示二维表记录的一种控件。

【正确答案】 B

7. 如果指定参照完整性的删除规则为“级联”，则当删除父表中的记录时(　　)。

A. 系统自动备份父表中被删除记录到一个新表中

B. 若子表中有相关记录，则禁止删除父表中的记录

C. 会自动删除子表中所有相关记录

D. 不作参照完整性检查，删除父表记录与子表无关

【题目分析】 参照完整性的删除规则包括级联、限制和忽略。级联：当用户删除父表的记录时，系统自动删除子表中的所有相关记录；限制：当用户删除父表的记录时，系统将禁止删除与子表相关的父表中的记录；忽略：当用户删除父表中的记录时，系统不负责检查子表中是否有相关记录。

【正确答案】 C

8. 在建立表间一对多的永久联系时，主表的索引类型必须是(　　)。

A. 主索引或候选索引

B. 主索引、候选索引或唯一索引

C. 主索引、候选索引、唯一索引或普通索引

D. 可以不建立索引

【题目分析】 一对多的永久联系要求父表的关键字取值必须唯一，因此必须建立主索引或候选索引。

【正确答案】 A

9. 在表设计器中设置的索引包含在(　　)。

A. 独立索引文件中　　　　B. 唯一索引文件中

C. 结构复合索引文件中　　　　D. 非结构复合索引文件中

【题目分析】 在 Visual FoxPro 中，索引文件的类型包括标准单索引文件、压缩单索引文件、独立复合索引文件和结构复合索引文件。结构复合索引文件与表文件同名，并随着表文件的打开而自动打开，随着表文件的关闭而自动关闭；在表设计器中建立的索引保存在结构复合索引文件中。

【正确答案】 C

10. 在 Visual FoxPro 中，假设 student 表中有 40 条记录，执行下面的命令后，屏幕显示的结果是(　　)。

```
?RECCOUNT( )
```

A. 0　　　　B. 1　　　　C. 40　　　　D. 出错

【题目分析】 RECCOUNT( )函数返回当前工作区中打开的表的记录总数，包括被逻辑删除的记录。当前工作区中没有打开任何表，所以记录总数为 0。

【正确答案】 A

11. 使用索引的主要目的是(　　)。

A. 提高查询速度　　B. 节省存储空间　　C. 防止数据丢失　　D. 方便管理

【题目分析】 按照查询关键字建立索引，关键字相同的记录逻辑上相邻，从而提高了查

询的速度。

【正确答案】 A

12. 在创建数据库表结构时,为了同时定义实体完整性可以通过指定(　　)来实现。

A. 唯一索引　　B. 主索引　　C. 复合索引　　D. 普通索引

【题目分析】 实体完整性要求关键字的取值必须唯一并且不能为空值(.NULL.),因此必须建立主索引或候选索引。

【正确答案】 B

13. 假设变量 *a* 的内容是"计算机软件工程师",变量 *b* 的内容是"数据库管理员",表达式的结果为"数据库工程师"的是(　　)。

A. left(b,6)－right(a,6)　　B. substr(b,1,3)－substr(a,6,3)

C. A 和 B 都是　　D. A 和 B 都不是

【题目分析】 函数 left(c,*n*)是从字符串 c 的第 1 个字符开始取出 *n* 个字符构成的字符串;函数 right(c,*n*)是从字符串 c 的最后 1 个字符开始取出 *n* 个字符构成的字符串;函数 substr(c,*n*1,*n*2)是从字符串 c 的第 *n*1 个字符开始取出 *n*2 个字符构成的字符串;运算符"＋"用于字符串的标准连接,运算符"－"用于字符串的压缩连接;一个汉字占两个字符宽度。

【正确答案】 A

14. 在 Visual FoxPro 中,为了使表具有更多的特性应该使用(　　)。

A. 数据库表　　B. 自由表

C. 数据库表或自由表　　D. 数据库表和自由表

【题目分析】 相比自由表,数据库表支持长字段名,可以设置字段有效性规则、显示格式、输入掩码、建立表间永久联系等。

【正确答案】 A

二、填空题

1. 表达式 EMPTY(.NULL.)的值是________。

【正确答案】 .F.

2. 在建立表间一对多的永久联系时,主表的索引类型必须是________。

【正确答案】 主索引或候选索引

3. 在 Visual FoxPro 中,用 LOCATE ALL 命令按条件对某个表中的记录进行查找,若查不到满足条件的记录,函数 EOF( )的返回值应是________。

【正确答案】 .T.

4. 在 Visual FoxPro 中的"参照完整性"中,"插入规则"包括的选择是"限制"和________。

【正确答案】 忽略

5. 人员基本信息一般包括身份证号、姓名、性别、年龄等。其中可以作为主关键字的是________。

【正确答案】 身份证号

6. 为表建立主索引或候选索引可以保证数据的________完整性。

【正确答案】 实体

7. 在 Visual FoxPro 中,职工表 EMP 中包含通用型字段,表中通用型字段中的数据均存储到另一个文件中,该文件名为________。

【正确答案】 EMP.FPT

8. 参照完整性规则包括更新规则、删除规则和________规则。

【正确答案】 插入

9. 执行下述程序段,显示的结果是________。

```
A = 10
B = 20
?IIF(A > B,"A 大于 B","A 不大于 B")
```

【正确答案】 A 不大于 B

10. 在 Visual FoxPro 中可以使用命令 DIMENSION 或________说明数组变量。

【正确答案】 DECLARE

11. 在 Visual FoxPro 中表达式(1+2^(1+2))/(2+2)的运算结果是________。

【正确答案】 2.25

2.3 Visual FoxPro 查询和视图(第3章)习题解析及参考答案

一、选择题

1. 以下关于"查询"的正确描述是(　　)。

A. 查询文件的扩展名为.prg　　B. 查询保存在数据库文件中

C. 查询保存在表文件中　　D. 查询保存在查询文件中

【题目分析】 查询是从数据源中提取出符合特定条件的记录,是一种独立的文件类型,文件扩展名为.qpr,运行后还会生成一个编译后的查询程序,扩展名为.qpx。

【正确答案】 D

2. 以下关于"视图"的正确描述是(　　)。

A. 视图独立于表文件　　B. 视图不可更新

C. 视图只能从一个表派生出来　　D. 视图可以删除

【题目分析】 在数据库中可以独立存在的表称为基本表,视图是从一个或多个基本表中导出的表,它是数据库的一部分。因为视图的数据来源于基本表的数据,数据库中只是存放着描述视图的定义,因此视图是一个定制的虚表,不以独立的文件形式保存。视图的数据源可以是自由表、数据库表或其他视图,并且可以更新,将更新的数据返回到原始的数据源中。

【正确答案】 D

3. 以下关于"视图"的描述正确的是(　　)。

A. 视图和表一样包含数据　　B. 视图物理上不包含数据

C. 视图定义保存在命令文件中　　D. 视图定义保存在视图文件中

【题目分析】 同第2题。

【正确答案】 B

4. 以下关于"查询"的描述正确的是(　　)。

A. 不能根据自由表建立查询

B. 只能根据自由表建立查询

C. 只能根据数据库表建立查询

D. 可以根据数据库表和自由表建立查询

【题目分析】 查询是从数据源中提取出符合特定条件的记录,其数据源可以是自由表、数据库表,也可以是视图。

【正确答案】 D

5. 删除视图 myview 的命令是(　　)。

A. DELETE myview　　B. DELETE VIEW myview

C. DROP VIEW myview　　D. REMOVE VIEW myview

【题目分析】 删除表或视图文件使用 DROP 命令,命令格式是:

```
DROP TABLE | VIEW <表或视图文件名>
```

【正确答案】 C

6. 以下关于"视图"描述错误的是(　　)。

A. 只有在数据库中可以建立视图　　B. 视图定义保存在视图文件中

C. 从用户查询的角度视图和表一样　　D. 视图物理上不包括数据

【题目分析】 同第 2 题。

【正确答案】 B

7. 在 Visual FoxPro 中,关于"视图"的正确描述是(　　)。

A. 视图也称做窗口

B. 视图是一个预先定义好的 SQL SELETE 语句文件

C. 视图是一种用 SQL SELECT 语句定义的虚拟表

D. 视图是一个存储数据的特殊表

【题目分析】 视图是存储在数据库中的基于 SQL 语句(CREATE VIEW)的结果集的可视化的表;可以将视图看成是一个移动的窗口,通过它可以看到感兴趣的数据;其结构和数据是建立在对表的查询基础上的;和表一样,视图也是包括几个被定义的数据列和多个数据行,但就本质而言这些数据列和数据行来源于其所引用的表。所以视图不是真实存在的基本表而是一张虚表,视图所对应的数据并不实际地以视图结构存储在数据库中,而是存储在视图所引用的表中。

【正确答案】 A

8. 在 Visual FoxPro 中,要运行查询文件 query1. qpr,可以使用命令(　　)。

A. DO query1　　B. DO query1. qpr

C. DO QUERY query1　　D. RUN query1

【题目分析】 在 Visual FoxPro 中,用命令方式运行查询文件时必须加上扩展名。运行查询文件的命令格式是:

```
DO <查询文件名>.QPR
```

【正确答案】 B

9. 下面关于"查询"描述正确的是(　　)。

A. 可以使用 CREATE VIEW 打开查询设计器

B. 使用查询设计器可以生成所有的SQL查询语句

C. 使用查询设计器生成的SQL语句存盘后将存放在扩展名为.qpr的文件中

D. 使用DO语句执行查询时,可以不带扩展名

【题目分析】 打开查询设计器建立查询文件的命令是：CREATE QUERY；打开查询设计器修改查询文件的命令是：MODIFY QUERY；查询设计器只能实现单一SELECT命令的简单查询,无法实现嵌套查询；查询设计器建立的查询文件扩展名为.qpr；用命令方式运行查询文件时必须加上扩展名,命令格式为：

```
DO <查询文件名>.QPR
```

【正确答案】 C

10. 在Visual FoxPro中,以下关于"查询"和"视图"的正确描述是(　　)。

A. 查询是一个预先定义好的SQL SELECT语句文件

B. 视图是一个预先定义好的SQL SELECT语句文件

C. 查询和视图是同一种文件,只是名称不同

D. 查询和视图都是一个存储数据的表

【题目分析】 视图是存储在数据库中的基于SQL语句(CREATE VIEW)的结果集的可视化的表；其结构和数据是建立在对表的查询基础上的；和表一样,视图也是包括几个被定义的数据列和多个数据行,但就本质而言这些数据列和数据行来源于其所引用的表。所以视图不是真实存在的基础表而是一张虚表,视图所对应的数据并不实际地以视图结构存储在数据库中,而是存储在视图所引用的表中。查询是一个预先定义好的SQL SELECT语句文件,用以从数据源中提取出满足特定条件的数据。

【正确答案】 A

11. 在Visual FoxPro中,以下关于"视图"的描述错误的是(　　)。

A. 通过视图可以对表进行查询　　　B. 通过视图可以对表进行更新

C. 视图是一个虚表　　　　　　　　D. 视图就是一种查询

【题目分析】 视图是一种基于表而定制的虚拟表,兼有查询和表的特点,视图与表类似的地方是：可以用来更新表中的信息,并将更新结果保存在磁盘上；视图与查询类似的地方是：可以用来从一个或多个关联的表中查找有用的信息。

【正确答案】 D

12. 使用SQL语句增加字段的有效性规则,是为了能保证数据的(　　)。

A. 实体完整性　　B. 表完整性　　C. 参照完整性　　D. 域完整性

【题目分析】 字段的有效性规则保证了字段允许输入的数据的有效范围,即该字段的域值范围,这种数据完整性称为域完整性；实体完整性是指关键字的取值必须唯一并且不能为空值,通过建立主索引或候选索引实现；参照完整性是为了保证表间数据的一致性,通过建立数据库表间的永久联系并编辑参照完整性实现。

【正确答案】 D

13. 以纯文本形式保存设计结果的设计器是(　　)。

A. 查询设计器　　　　　　　　B. 表单设计器

C. 菜单设计器　　　　　　　　D. 以上三种都不是

【题目分析】 查询设计器的实质就是生成一个 SQL SELECT 语句,以纯文本形式保存设计结果;而表单设计器和菜单设计器是设计图形用户操作界面的。

【正确答案】 A

14. 有关查询设计器,正确的描述是( )。

A. "联接"选项卡与 SQL 语句的 GROUP BY 短语对应

B. "筛选"选项卡与 SQL 语句的 HAVING 短语对应

C. "排序依据"选项卡与 SQL 语句的 ORDER BY 短语对应

D. "分组依据"选项卡与 SQL 语句的 JOIN ON 短语对应

【题目分析】 查询设计器的"联接"选项卡与 SQL 语句的 JOIN ON 短语对应;"筛选"选项卡与 SQL 语句的 WHERE 短语对应;"排序依据"选项卡与 SQL 语句的 ORDER BY 短语对应;"分组依据"选项卡与 SQL 语句的 GROUP BY 短语对应;"杂项"选项卡中的"无重复记录"复选框与 SQL 语句的 DISTINCT 短语对应,"列在前面的记录"与 SQL 语句的 TOP 短语对应。

【正确答案】 C

15. 在 Visual FoxPro 中,关于视图的正确叙述是( )。

A. 视图与数据库表相同,用来存储数据

B. 视图不能同数据库表进行联接操作

C. 在视图上不能进行更新操作

D. 视图是从一个或多个数据库表中导出的虚拟表

【题目分析】 视图是从一个或多个基本表中导出的表,它是数据库的一部分。因为视图的数据来源于基本表的数据,数据库中只是存放着描述视图的定义,因此视图是一个定制的虚表,不以独立的文件形式保存。视图的数据源可以是自由表、数据库表或其他视图,并且可以更新,将更新的数据返回到原始的数据源中。视图的大部分用法和基本表一样,因此视图也可以用 JOIN 命令和基本表进行联接操作。

【正确答案】 D

16. 在 Visual FoxPro 中,查询设计器和视图设计器很像,以下描述正确的是( )。

A. 使用查询设计器创建的是一个包含 SQL SELECT 语句的文本文件

B. 使用视图设计器创建的是一个包含 SQL SELECT 语句的文本文件

C. 查询和视图有相同的用途

D. 查询和视图实际都是一个存储数据的表

【题目分析】 查询设计器创建的是 SQL SELECT 查询语句,而视图设计器创建的是 SQL CREATE VIEW 语句;查询的用途是从数据源中检索或统计满足特定条件的记录,而视图的功能是利用检索的结果更新数据源中的记录;查询的结果可以是浏览表、临时表、表、文本文件等,而视图的结果只是一个虚拟的浏览表。

【正确答案】 A

二、填空题

1. 删除视图 MyView 的命令是________。

【正确答案】 DROP VIEW MyView

2. 查询设计器中的"分组依据"选项卡与 SQL 语句的________短语对应。

【正确答案】 GROUP BY

3. 已有查询文件 queryone. qpr,要执行该查询文件可使用命令________。

【正确答案】 DO queryone. qpr

4. Visual FoxPro 的查询设计器中________选项卡对应的 SQL 短语是 WHERE。

【正确答案】 "筛选"

5. 查询设计器的"排序依据"选项卡对应于 SQL SELECT 语句的________短语。

【正确答案】 ORDER BY

6. 在 Visual FoxPro 中视图可以分为本地视图和________视图。

【正确答案】 远程

7. 在 Visual FoxPro 中为了通过视图修改基本表中的数据,需要在视图设计器的________选项卡中设置有关属性。

【正确答案】 "更新条件"

2.4 Visual FoxPro 表单设计(第 4 章)习题解析及参考答案

一、选择题

1. 以下属于容器类控件的是(　　)。

A. Text　　B. Form

C. Label　　D. CommandButton

【题目分析】 文本框(Text)控件用于输入、输出单行文字;标签(Label)控件用于显示固定文本信息;命令按钮(CommandButton)控件通常用于启动某种操作的处理过程;表单(Form)是其他控件的容器,通常作为一个窗口或对话框存在。

【正确答案】 B

2. 在 Visual FoxPro 中,下面关于属性、方法和事件的叙述错误的是(　　)。

A. 属性用于描述对象的状态,方法用于表示对象的行为

B. 基于同一个类产生的两个对象可以分别设置自己的属性值

C. 事件代码也可以像方法一样被显式调用

D. 在创建一个表单时,可以添加新的属性、方法和事件

【题目分析】 对象的数据特征称为属性,行为特征称为方法,而能够识别和响应的操作称为事件。对象是类的实例,而类是同类对象的抽象,可以通过设置不同的属性值来区分同一类的不同对象。对象的事件集是固定的,而属性集和方法集是可变的。对象的事件除了在运行时由系统或用户触发执行以外,也可以在代码或命令窗口中显式调用。

【正确答案】 D

3. 在 Visual FoxPro 中,用于设置表单标题的属性是(　　)。

A. Text　　B. Title　　C. Label　　D. Caption

【题目分析】 表单的标题属性是 Caption,其他选项都不是表单的属性。

【正确答案】 D

4. 要想定义标签控件的 Capiton 属性值的字体大小,需定义标签的(　　)。

A. FontSize 属性　　B. Caption 属性　　C. Height 属性　　D. AutoSize 属性

【题目分析】 标签控件的字号属性是 FontSize,标题属性是 Caption,高度属性是

Height,自动调整控件大小以容纳其内容属性是 AutoSize。

【正确答案】 A

5. 下面的(　　)控件在运行时不可见,用于后台运行。

A. 表格　　B. 形状　　C. 计时器　　D. 列表框

【题目分析】 计时器是在确定的时间间隔重复执行 Timer 事件的控件,只用于后台运行。

【正确答案】 C

6. 在表单中为表格控件指定数据源的属性是(　　)。

A. DataSource　　B. DataFrom　　C. RecordSource　　D. RecordFrom

【题目分析】 表格控件的数据源属性是 RecordSource,其与数据源类型属性 RecordSourceType 配合使用。

【正确答案】 C

7. 在 Visual FoxPro 中,假设表单上有一选项组:○男⊙女,初始时该选项组的 Value 属性值为 1。若选项按钮"女"被选中,该选项组的 Value 属性值是(　　)。

A. 1　　B. 2　　C. "女"　　D. "男"

【题目分析】 选项按钮组(OptionGroup)控件的 Value 属性用于指定当前处于选中状态的是第几个按钮。第 2 个按钮("女")被选中,其 Value 属性值为 2。

【正确答案】 B

8. 设置文本框显示内容的属性是(　　)。

A. Value　　B. Caption　　C. Name　　D. InputMask

【题目分析】 文本框(Text)控件的 Value 属性值是文本框中显示的内容;Name 属性值是在代码中引用该对象的名称;InputMask 属性值指定在控件中如何输入和显示数据。文本框(Text)控件没有 Caption 属性。

【正确答案】 A

9. 为了隐藏在文本框中输入的信息,用占位符代替显示用户输入的字符,需要设置的属性是(　　)。

A. Value　　B. ControlSource　　C. InputMask　　D. PasswordChar

【题目分析】 文本框(Text)控件的 Value 属性值是文本框中显示的内容;ControlSource 属性值指定与文本框建立联系的数据源;InputMask 属性值指定在控件中如何输入和显示数据;PasswordChar 属性值用于指定在文本框中是显示用户输入的数据还是显示占位符,并指定用做占位符的字符。

【正确答案】 D

10. 在设计界面时,为提供多选功能,通常使用的控件是(　　)。

A. 选项按钮组　　B. 一组复选框　　C. 编辑框　　D. 命令按钮组

【题目分析】 选项按钮组(OptionGroup)控件用于单选功能;一组复选框(Check)控件可实现多选功能;编辑框(Edit)控件用于显示或输入多行文本;命令按钮组(CommandGroup)控件是将多个相关的命令按钮集合在一起方便统一编码处理。

【正确答案】 B

11. 为了使表单界面中的控件不可用,需将控件的某个属性设置为假,该属性是(　　)。

A. Default　　B. Enabled　　C. Use　　D. Enuse

【题目分析】 控件是否可用由属性 Enabled 确定,属性值为“. T. -真”表示该控件可用,属性值为“. F. -假”表示该控件不可用,默认值为“. T. -真”。

【正确答案】 B

12. 下面关于列表框和组合框的陈述中,正确的是(　　)。

A. 列表框可以设置成多重选择,而组合框不能

B. 组合框可以设置成多重选择,而列表框不能

C. 列表框和组合框都可以设置成多重选择

D. 列表框和组合框都不能设置成多重选择

【题目分析】 列表框(List)控件通过设置 MultiSelect 属性值为“. T. -真”可以实现多重选择,而组合框(Combo)控件没有该属性,所以不能实现多重选择。

【正确答案】 A

13. 将当前表单从内存中释放的正确语句是(　　)。

A. ThisForm. Close　　B. ThisForm. Clear

C. ThisForm. Release　　D. ThisForm. Refresh

【题目分析】 当前表单用 Thisform 表示,表单的释放方法是 Release,刷新方法是 Refresh,显示方法是 Show,隐藏方法是 Hide。

【正确答案】 C

14. 关闭和释放表单的方法是(　　)。

A. shut　　B. closeForm　　C. release　　D. close

【题目分析】 表单的释放方法是 Release。

【正确答案】 C

15. 表单文件的扩展名是(　　)。

A. . frm　　B. . prg　　C. . scx　　D. . vcx

【题目分析】 Visual FoxPro 中程序文件的扩展名是 prg,表单文件的扩展名是 scx,类文件的扩展名是. vcx; . frm 是 Visual Basic 中窗体文件的扩展名。

【正确答案】 C

16. 假设某个表单中有一个复选框 CheckBox1 和一个命令按钮 Command1,如果要在 Command1 的 Click 事件代码中取得复选框的值,以判断该复选框是否被用户选择,正确的表达式是(　　)。

A. This. CheckBox1. Value　　B. ThisForm. CheckBox1. Value

C. This. CheckBox1. Selected　　D. ThisForm. CheckBox1. Selected

【题目分析】 控件的引用有绝对引用和相对引用两种方式。绝对引用从最外层的表单集(Thisformset)或表单(Thisform)开始;相对引用从当前控件(This)开始。复选框(Check)控件是否被选中由 Value 属性值确定,该属性值为 1 表示控件被选中,为 0 表示控件未选中。本题绝对引用为 Thisform. CheckBox1. Value,相对引用为 This. Parent. CheckBox1. Value。

【正确答案】 B

17. 为了使命令按钮在界面运行时显示"运行",需要设置该命令按钮的(　　)属性。

A. Text　　B. Title　　C. Display　　D. Caption

【题目分析】 命令按钮(Command)控件在前台显示给用户的文字内容由控件的标题属性 Caption 指定。

【正确答案】 D

二、填空题

1. 可以使编辑框的内容处于只读状态的两个属性是 ReadOnly 和________。

【正确答案】 Enabled

2. 在表单设计中,关键字________表示当前对象所在的表单。

【正确答案】 Thisform

3. 文本框的________属性设置为"*"时,用户输入的字符在文本框内显示为"*",但属性 Value 中仍保存输入的字符串。

【正确答案】 PasswordChar

4. 计时器(Timer)控件中设置时间间隔的属性为 Interval 和定时发生的事件为________。

【正确答案】 Timer

5. 在将设计好的表单存盘时,系统生成扩展名分别是.Scx 和________的两个文件。

【正确答案】 .Sct

6. 在 Visual FoxPro 中为表单指定标题的属性是________。

【正确答案】 Caption

7. 用当前窗体的 Label1 控件显示系统时间的语句是 Thisform. Label1.________=TIME( )。

【正确答案】 Caption

8. 在表单中确定控件是否可见的属性是________。

【正确答案】 Visible

9. 在 Visual FoxPro 表单中,当用户使用鼠标单击命令按钮时,会触发命令按钮________事件。

【正确答案】 Click

10. 为将一个表单定义为顶层表单,需要设置的属性是________。

【正确答案】 ShowWindow

11. 在 Visual FoxPro 中运行表单的命令是________。

【正确答案】 DO FORM

12. 为了使表单在运行时居中显示,应该将其________属性设置为逻辑真。

【正确答案】 AutoCenter

13. 为了使表单运行时能够输入密码应该使用________控件。

【正确答案】 Text 或文本框

2.5 Visual FoxPro 菜单设计(第 5 章)习题解析及参考答案

一、选择题

1. 在菜单设计中,可以在定义菜单名称时为菜单项指定一个访问键。指定访问键为"x"的菜单项名称定义是(　　)。

A. 综合查询(\>x)　　B. 综合查询(/>x)

C. 综合查询(\<x)　　D. 综合查询(/<x)

【题目分析】 菜单项的访问键也称为热键,建立方法是在访问键字符的前面加上英文半角的"\<"两个字符即可。

【正确答案】 C

2. 恢复系统默认菜单的命令是(　　)。

A. SET MENU TO DEFAULT

B. SET SYSMENU TO DEFAULT

C. SET SYSTEM MENU TO DEFAULT

D. SET SYSTEM TO DEFAULT

【题目分析】 在 Visual FoxPro 中系统菜单用 SYSTEM 表示,恢复系统菜单的命令是:

```
SET SYSMENU TO DEFAULT
```

【正确答案】 B

3. 假设已经生成了名为 mymenu 的菜单文件,执行该菜单文件的命令是(　　)。

A. DO mymenu　　B. DO mymenu. mpr

C. DO mymenu. pjx　　D. DO mylnenu. mnx

【题目分析】 在 Visual FoxPro 中,用命令方式运行的是菜单程序,而且必须带扩展名,命令格式是:

```
DO <菜单程序名>.MPR
```

【正确答案】 B

4. 在 Visual FoxPro 中,使用"菜单设计器"定义菜单,最后生成的菜单程序的扩展名是(　　)。

A. . mnx　　B. . prg　　C. . mpr　　D. . spr

【题目分析】 利用"菜单设计器"编辑的菜单文件扩展名为. mnx,对应的菜单备注文件扩展名为. mnt;生成的菜单程序扩展名为. mpr,编译后的菜单程序扩展名为. mpx。程序文件的扩展名为. prg。

【正确答案】 C

5. 扩展名为. mpr 的文件是(　　)。

A. 菜单文件　　B. 菜单程序文件　　C. 菜单备注文件　　D. 菜单参数文件

【题目分析】 菜单文件的扩展名为. mnx,对应的菜单备注文件扩展名为. mnt;生成的菜单程序扩展名为. mpr,编译后的菜单程序扩展名为. mpx;菜单参数文件不存在。

【正确答案】 B

6. 扩展名为.mnx的文件是(　　)。

A. 备注文件　　B. 项目文件　　C. 表单文件　　D. 菜单文件

【题目分析】 菜单文件的扩展名为.mnx,对应的菜单备注文件扩展名为.mnt;生成的菜单程序扩展名为.mpr,编译后的菜单程序扩展名为.mpx。项目文件的扩展名为.pjx,表单文件的扩展名为.scx。

【正确答案】 D

7. 如果菜单项的名称为"统计",热键是T,在菜单名称一栏中应输入(　　)。

A. 统计(\<T)　　B. 统计(Ctrl+T)

C. 统计(Alt+T)　　D. 统计(T)

【题目分析】 菜单项的访问键也称为热键,建立方法是在访问键字符的前面加上英文半角的"\<"两个字符即可。

【正确答案】 A

8. 为表单建立了快捷菜单mymenu,调用快捷菜单的命令代码"DO mymenu.mpr WITH THIS"应该放在表单的(　　)事件中。

A. Destory　　B. Init　　C. Load　　D. RightClick

【题目分析】 表单运行时,右击鼠标调出的菜单称为快捷菜单,右击鼠标事件是RightClick;Destroy是从内存中释放对象时触发的事件;Init是在内存中创建对象时触发的初始化事件;Load是将表单装载到内存时触发的事件。

【正确答案】 D

9. 以下是与设置系统菜单有关的命令,其中错误的是(　　)。

A. SET SYSMENU DEFAULT　　B. SET SYSMENU TO DEFAULT

C. SET SYSMENU NOSAVE　　D. SET SYSMENU SAVE

【题目分析】 设置系统菜单的命令中;SET SYSMENU SAVE使当前菜单系统成为默认设置;SET SYSMENU NOSAVE重置菜单系统为默认的Visual FoxPro系统菜单;SET SYSMENU TO DEFAULT将主菜单栏恢复为默认设置。

【正确答案】 A

二、填空题

1. 为了从用户菜单返回到默认的系统菜单,应该使用命令SET ________ TO DEFAULT。

【正确答案】 SYSMENU

2. 将一个弹出式菜单作为某个控件的快捷菜单,通常是在该控件的________事件代码中添加调用弹出式菜单程序的命令。

【正确答案】 RightClick

3. 在Visual FoxPro中,假设当前文件夹中有菜单程序文件mymenu.mpr,运行该菜单程序的命令是________。

【正确答案】 DO mymenu.mpr

4. 弹出式菜单可以分组,插入分组线的方法是在"菜单名称"项中输入________两个字符。

【正确答案】 \-

2.6 Visual FoxPro 报表和标签设计(第6章)习题解析及参考答案

一、选择题

1. 为了在报表中打印当前时间,应该插入的控件是(　　)。

A. 文本框控件　　B. 表达式　　C. 标签控件　　D. 域控件

【题目分析】 在 Visual FoxPro 报表设计器中,利用标签控件添加固定的说明性文字,利用域控件添加变量、函数、字段、表达式等变化的信息。当前时间由函数 TIME( )求出,属于变化的信息,因此需要使用域控件。

【正确答案】 D

2. 报表的数据源可以是(　　)。

A. 表或视图　　B. 表或查询

C. 表、查询或视图　　D. 表或其他报表

【题目分析】 在 Visual FoxPro 中,报表由格式文件和数据源构成;格式文件就是利用报表设计器或报表向导建立的扩展名为.frx 的报表文件;数据源就是报表的数据来源,可以是自由表、数据库表、视图和查询。

【正确答案】 C

3. 报表的数据源不包括(　　)。

A. 视图　　B. 自由表　　C. 数据库表　　D. 文本文件

【题目分析】 在 Visual FoxPro 中,报表的数据源可以是自由表、数据库表、视图和查询。

【正确答案】 D

4. 在 Visual FoxPro 中,报表的数据源不包括(　　)。

A. 视图　　B. 自由表　　C. 查询　　D. 文本文件

【题目分析】 在 Visual FoxPro 中,报表的数据源可以是自由表、数据库表、视图和查询。

【正确答案】 D

5. 使用报表向导定义报表时,定义报表布局的选项是(　　)。

A. 列数、方向、字段布局　　B. 列数、行数、字段布局

C. 行数、方向、字段布局　　D. 列数、行数、方向

【题目分析】 在 Visual FoxPro 中,报表向导中定义的报表布局包括列数、方向、字段布局。列数指明报表中数据按几列显示;方向指明纸张是纵向还是横向;字段布局指明字段是列布局(每列显示同一字段的值,一行显示一条记录)还是行布局(每行显示一个字段的值,一条记录分多行显示)。

【正确答案】 A

6. 调用报表格式文件 PP1 预览报表的命令是(　　)。

A. REPORT FROM PP1 PREVIEW　　B. DO FROM PP1 PREVIEW

C. REPORT FORM PP1 PREVIEW　　D. DO FORM PP1 PREVIEW

【题目分析】 在 Visual FoxPro 中，报表输出的命令格式是：

```
REPORT FORM <报表文件名> PREVIEW | TO PRINTER
```

其中，选项 PREVIEW 用于预览报表，选项 TO PRINTER 用于打印报表。

【正确答案】 C

7. Visual FoxPro 的报表文件. frx 中保存的是(　　)。

A. 打印报表的预览格式　　　B. 已经生成的完整报表

C. 报表的格式和数据　　　　D. 报表设计格式的定义

【题目分析】 在 Visual FoxPro 中，报表由格式文件和数据源构成。格式文件是利用报表设计器或报表向导建立的扩展名为. frx 的报表文件；数据源是报表的数据来源，可以是自由表、数据库表、视图和查询。因此报表文件. frx 中保存的是有关报表设计格式的定义。

【正确答案】 D

二、填空题

1. 预览报表 myreport 的命令是 REPORT FORM myreport ______。

【正确答案】 PREVIEW

2. 在使用报表向导创建报表时，如果数据源包括父表和子表，应该选取______报表向导。

【正确答案】 一对多

3. 为修改已建立的报表文件打开报表设计器的命令是______ REPORT。

【正确答案】 MODIFY

4. 为了在报表中插入一个文字说明，应该插入一个______控件。

【正确答案】 标签

5. 在 Visual FoxPro 中创建快速报表时，基本带区包括页标头、细节和______。

【正确答案】 页注脚

2.7　关系数据库标准语言 SQL(第 7 章) 习题解析及参考答案

一、选择题

1. SQL 语言的查询语句是(　　)。

A. INSERT　　B. UPDATE　　C. DELETE　　D. SELECT

【题目分析】 SQL 语言中，数据定义语言(DDL)规定的命令有 CREATE(建立)、ALTER(修改)、DROP(删除)；数据操纵语言(DML)规定的命令有 INSERT(插入)、DELETE(删除)、UPDATE(更新)；数据查询语言(DQL)规定的命令为 SELECT(查询)；数据控制语言(DCL)规定的命令有 GRANT(授权)、REVORK(回收权力)。

【正确答案】 D

2. 在 Visual FoxPro 中，下列关于 SQL 表定义语句(CREATE TABLE)的说法中错误的是(　　)。

A. 可以定义一个新的基本表结构

B. 可以定义表中的主关键字

C. 可以定义表的域完整性、字段有效性规则等

D. 对自由表,同样可以实现其完整性、有效性规则等信息的设置

【题目分析】 SQL 语言中,CREATE TABLE 命令用于建立表结构,同时可以定义候选关键字,对于数据库表还可以同时定义主关键字、字段有效性规则、默认值以及参照完整性等约束。

【正确答案】 D

3. SQL 的 SELECT 语句中,“HAVING ＜条件表达式＞”用来筛选满足条件的(　)。

A. 列　　B. 行　　C. 关系　　D. 分组

【题目分析】 SQL 的 SELECT 语句中,“WHERE ＜条件表达式＞”用于去掉不满足条件的记录,而“HAVING ＜条件表达式＞”放在 GROUP BY 子句的后面,用于去掉分组查询中不满足条件的分组。

【正确答案】 D

4. 在 Visual FoxPro 中,假设教师表 T(教师号,姓名,性别,职称,研究生导师)中,性别是 C 型字段,研究生导师是 L 型字段。若要查询“是研究生导师的女老师”信息,那么 SQL 语句“SELECT * FROM T WHERE ＜逻辑表达式＞”中的＜逻辑表达式＞应是(　)。

A. 研究生导师 AND 性别＝"女"　　B. 研究生导师 OR 性别＝"女"

C. 性别＝"女" AND 研究生导师＝.F.　　D. 研究生导师＝.T. OR 性别＝"女"

【题目分析】 查询条件需要同时满足“是研究生导师”和“女老师”这两个条件,“同时满足”需要用逻辑运算符 AND 连接,“研究生导师”是逻辑型字段,所以条件“是研究生导师”可以用 研究生导师 或 研究生导师＝.T. 表示,条件“女老师”用 性别＝"女" 表示。

【正确答案】 A

5. 给 student 表增加一个“平均成绩”字段(数值型,总宽度 6,2 位小数)的 SQL 命令是(　)。

A. ALTER TABLE student ADD 平均成绩 N(6,2)

B. ALTER TABLE student ADD 平均成绩 D(6,2)

C. ALTER TABLE student ADD 平均成绩 E(6,2)

D. ALTER TABLE student ADD 平均成绩 Y(6,2)

【题目分析】 修改表结构用 SQL ALTER 命令,该命令的 ADD 子句用于增加字段,ALTER 子句用于修改字段,RENAME 子句用于重命名字段,DROP 子句用于删除字段;数值型数据用字母 N 表示。

【正确答案】 A

6. 若 SQL 语句中的 ORDER BY 短语中指定了多个字段,则(　)。

A. 依次按自右至左的字段顺序排序

B. 只按第一个字段排序

C. 依次按自左至右的字段顺序排序

D. 无法排序

【题目分析】 SQL SELECT 命令的查询结果可以用 ORDER BY 子句进行排序,排序方式为:首先按第一个字段排序,第一个字段值相同的再按第二个字段排序,第二个字段值

相同的再按第三个字段排序,依此类推;亦即按排序字段出现的先后次序(从左到右)排序。

【正确答案】 C

7. 与“SELECT * FROM 教师表 INTO DBF A”等价的语句是(　　)。

A. SELECT * FROM 教师表 TO DBF A

B. SELECT * FROM 教师表 TO TABLE A

C. SELECT * FROM 教师表 INTO TABLE A

D. SELECT * FORM 教师表 INTO A

【题目分析】 SQL SELECT 命令的查询去向可以是表,用如下子句表示:

```
INTO TABLE <表名> 或 INTO DBF <表名>
```

【正确答案】 C

8. 查询“教师表”的全部记录并存储于临时文件 one.dbf 中的 SQL 命令是(　　)。

A. SELECT * FROM 教师表 INTO CURSOR one

B. SELECT * FROM 教师表 TO CURSOR one

C. SELECT * FROM 教师表 INTO CURSOR DBF one

D. SELECT * FROM 教师表 TO CURSOR DBF one

【题目分析】 SQL SELECT 命令的查询去向可以是临时表,用如下子句表示:

```
INTO CURSOR <临时表名>
```

【正确答案】 A

9. “教师表”中有“职工号”、“姓名”和“工龄”字段,其中“职工号”为主关键字,建立“教师表”的 SQL 命令是(　　)。

A. CREATE TABLE 教师表(职工号 C(10) PRIMARY, 姓名 C(20), 工龄 I)

B. CREATE TABLE 教师表(职工号 C(10) FOREIGN, 姓名 C(20), 工龄 I)

C. CREATE TABLE 教师表(职工号 C(10) FOREIGN KEY, 姓名 C(20), 工龄 I)

D. CREATE TABLE 教师表(职工号 C(10) PRIMARY KEY, 姓名 C(20), 工龄 I)

【题目分析】 SQL CREATE 命令建立表结构的同时可以指定主关键字或候选关键字,主关键字用 PRIMARY KEY 表示,候选关键字用 UNIQUE 表示。

【正确答案】 D

10. 删除 student 表中的“平均成绩”字段的正确 SQL 命令是(　　)。

A. DELETE TABLE student DELETE COLUMN 平均成绩

B. ALTER TABLE student DELETE COLUMN 平均成绩

C. ALTER TABLE student DROP COLUMN 平均成绩

D. DELETE TABLE student DROP COLUMN 平均成绩

【题目分析】 删除字段涉及修改表结构,因此需用 SQL ALTER 命令,该命令的 ADD 子句用于增加字段,ALTER 子句用于修改字段,RENAME 子句用于重命名字段,DROP 子句用于删除字段。SQL DELETE 命令用于逻辑删除表中的记录。

【正确答案】 C

11. 假设表 s 中有 10 条记录,其中字段 b 小于 20 的记录有 3 条,大于等于 20,并且小于等于 30 的记录有 3 条,大于 30 的记录有 4 条,执行下面的程序后,屏幕显示的结果是(　　)。

```
SET DELETED ON
DELETE FROM s WHERE b BETWEEN 20 AND 30
?RECCOUNT()
```

A. 10　　　　B. 7　　　　C. 0　　　　D. 3

【题目分析】 第一条 SET DELETED ON 命令使表中只显示正常记录而不显示被逻辑删除的记录；第二条 DELETE 命令逻辑删除字段 b 的值介于 20 和 30 之间的 3 条记录；第三条 RECCOUNT( )函数输出当前打开的表中记录的总数(包括正常记录和被逻辑删除的记录,而不考虑记录是否显示出来)。

【正确答案】 A

第(12)～(16)题基于学生表 S 和学生选课表 SC 两个数据库表,它们的结构如下：

S(学号,姓名,性别,年龄),其中学号、姓名和性别为 C 型字段,年龄为 N 型字段。

SC(学号,课程号,成绩),其中学号和课程号为 C 型字段,成绩为 N 型字段(初始为空值)。

12. 查询学生选修课程成绩小于 60 分的学号,正确的 SQL 语句是(　　)。

A. SELECT DISTINCT 学号 FROM SC WHERE "成绩"＜60

B. SELECT DISTINCT 学号 FROM SC WHERE 成绩＜"60"

C. SELECT DISTINCT 学号 FROM SC WHERE 成绩＜60

D. SELECT DISTINCT "学号" FROM SC WHERE "成绩"＜60

【题目分析】 "学号"和"成绩"是字段变量,不能加字符常量的定界符；"成绩"字段为数值型,所以与"成绩"字段比较的应该是数值型常量"60",表达式为：成绩＜60。

【正确答案】 C

13. 查询学生表 S 的全部记录并存储于临时表文件 one 中的 SQL 命令是(　　)。

A. SELECT ＊ FROM S INTO CURSOR one

B. SELECT ＊ FROM S TO CURSOR one

C. SELECT ＊ FROM S INTO CURSOR DBF one

D. SELECT ＊ FROM S TO CURSOR DBF one

【题目分析】 SQL SELECT 命令的查询去向可以是临时表,用如下子句表示：

```
INTO CURSOR <临时表名>
```

【正确答案】 A

14. 查询成绩在 70～85 分之间学生的学号、课程号和成绩,正确的 SQL 语句是(　　)。

A. SELECT 学号,课程号,成绩 FROM sc WHERE 成绩 BETWEEN 70 AND 85

B. SELECT 学号,课程号,成绩 FROM sc WHERE 成绩＞＝70 OR 成绩＜＝85

C. SELECT 学号,课程号,成绩 FROM sc WHERE 成绩＞＝70 OR ＜＝85

D. SELECT 学号,课程号,成绩 FROM sc WHERE 成绩＞＝70 AND ＜＝85

【题目分析】 条件"成绩在 70～85 分之间"可以用如下表达式表示：

```
成绩>= 70 AND 成绩<= 85
```

也可以用下面的 BETWEEN … AND 短语构成：

```
成绩 BETWEEN 70 AND 85
```

【正确答案】 A

15. 查询有选课记录,但没有考试成绩的学生的学号和课程号,正确的SQL语句是(　　)。

A. SELECT 学号,课程号 FROM sc WHERE 成绩= ""

B. SELECT 学号,课程号 FROM sc WHERE 成绩=NULL

C. SELECT 学号,课程号 FROM sc WHERE 成绩 IS NULL

D. SELECT 学号,课程号 FROM sc WHERE 成绩

【题目分析】 "有选课记录,但没有考试成绩"说明sc表中有记录,但记录的"成绩"字段为空值(.NULL.),判断字段是否为空值用如下表达式实现:

```
<字段名> IS NULL
```

【正确答案】 C

16. 查询选修C2课程号的学生姓名,下列SQL语句中错误的是(　　)。

A. SELECT 姓名 FROM S WHERE EXISTS ;
(SELECT * FROM SC WHERE 学号=S.学号 AND 课程号='C2')

B. SELECT 姓名 FROM S WHERE 学号 IN ;
(SELECT 学号 FROM SC WHERE 课程号= 'C2')

C. SELECT 姓名 FROM S JOIN SC ON S.学号=SC.学号 WHERE 课程号='C2'

D. SELECT 姓名 FROM S WHERE 学号= ;
(SELECT 学号 FROM SC WHERE 课程号= 'C2')

【题目分析】 嵌套查询可以用谓词EXISTS和IN构成,也可以用量词ALL、ANY或SOME构成。关系运算符用于比较两个值之间的关系,而查询"SELECT 学号 FROM SC WHERE 课程号= 'C2'"的结果可能为多个不同的"学号"值,不能直接用关系运算符"="与字段变量"学号"比较。

【正确答案】 D

17. 如果在SQL查询的SELECT短语中使用TOP,则应该配合使用(　　)。

A. HAVING短语　　　　B. GROUP BY短语

C. WHERE短语　　　　D. ORDER BY短语

【题目分析】 SQL SELECT命令的查询结果默认显示全部符合条件的记录;若对查询结果进行排序后,可以用TOP子句来显示符合条件的起始部分记录;记录排序用ORDER BY短语。

【正确答案】 D

18. 删除表s中字段c的SQL命令是(　　)。

A. ALTER TABLE s DELETE c　　　　B. ALTER TABLE s DROP c

C. DELETE TABLE s DELETE c　　　　D. DELETE TABLE s DROP c

【题目分析】 删除字段涉及修改表结构,因此需用SQL ALTER命令,该命令的ADD子句用于增加字段,ALTER子句用于修改字段,RENAME子句用于重命名字段,DROP子句用于删除字段。SQL DELETE命令用于逻辑删除表中的记录。

【正确答案】 B

19. 在Visual FoxPro中,以下描述正确的是(　　)。

A. 对表的所有操作,都不需要使用USE命令先打开表

B. 所有 SQL 命令对表的所有操作都不需要使用 USE 命令先打开表

C. 部分 SQL 命令对表的所有操作都不需要使用 USE 命令先打开表

D. 传统的 FoxPro 命令对表的所有操作都不需要使用 USE 命令先打开表

【题目分析】 在 Visual FoxPro 中，绝大部分命令都需要先打开表再执行相应的操作命令，而所有 SQL 命令的操作都不需要预先打开表，因为在 SQL 命令中直接指定了操作对象（即表名），因此在执行 SQL 命令的时候系统会自动打开相应的操作对象（即表）。

【正确答案】 B

20. 使用 SQL 语句将表 s 中字段 price 的值大于 30 的记录删除，正确的命令是（　　）。

A. DELETE FROM s FOR price>30

B. DELETE FROM s WHERE price>30

C. DELETE s FOR price>30

D. DELETE s WHERE price>30

【题目分析】 删除记录用 SQL DELETE 命令实现，该命令的格式为：

```
DELETE FROM <表名> [WHERE <条件>]
```

【正确答案】 B

21. 正确的 SQL 插入命令的语法格式是（　　）。

A. INSERT IN …VALUES…　　B. INSERT TO …VALUES…

C. INSERT INTO …VALUES…　　D. INSERT …VALUES…

【题目分析】 插入记录用 SQL INSERT 命令，该命令的格式为：

```
INSERT INTO <表名>[(字段名列表)] VALUES(表达式列表)
```

【正确答案】 C

二、填空题

1. 利用 SQL 语句的定义功能建立一个课程表，并且为课程号建立主索引，语句格式为：

```
CREATE TABLE 课程表(课程号 C(5)________,课程名 C(30))
```

【正确答案】 PRIMARY KEY

2. 在 SQL 的 SELECT 查询中，使用________关键词消除查询结果中的重复记录。

【正确答案】 DISTINCT

3. 使用 SQL 语言的 SELECT 语句进行分组查询时，如果希望去掉不满足条件的分组，应当在 GROUP BY 中使用________子句。

【正确答案】 HAVING

4. 将"学生"表中的学号字段的宽度由原来的 10 改为 12（字符型），应使用的命令是：

```
ALTER TABLE 学生________
```

【正确答案】 ALTER 学号 C(12)

5. 查询设计器中的"分组依据"选项卡与 SQL 语句的________短语对应。

【正确答案】 GROUP BY

6. 为"成绩"表中"总分"字段增加有效性规则:"总分必须大于等于0并且小于等于750",正确的SQL语句是:

________ TABLE 成绩 ALTER 总分 ________ 总分>=0 AND 总分<=750

【正确答案】 ALTER   SET CHECK

2.8 Visual FoxPro 程序设计(第8章)习题解析及参考答案

一、选择题

1. 在 Visual FoxPro 中,如果希望跳出 SCAN … ENDSCAN 循环语句,执行 ENDSCAN 后面的语句,应使用(   )。

A. LOOP 语句   B. EXIT 语句

C. BREAK 语句   D. RETURN 语句

【题目分析】 在 Visual FoxPro 中,LOOP 用于提前结束本次循环,回到循环头继续进行下一次循环条件的判断;EXIT 用于结束整个循环,继续执行循环体后面的语句;RETURN 用于返回上一级程序或命令窗口。

【正确答案】 B

2. 假设新建了一个程序文件 myProc.prg(不存在同名的.exe、.app 和.fxp 文件),然后在命令窗口输入命令"DO myProc",执行该程序并获得正常的结果。现在用命令 ERASE myProc.prg 删除该程序文件,然后再次执行命令 DO myProc,产生的结果是(   )。

A. 出错(找不到文件)

B. 与第一次执行的结果相同

C. 系统打开"运行"对话框,要求指定文件

D. 以上都不对

【题目分析】 程序文件 myProc.prg 已经执行,从而生成了同名的编译后的程序文件 myProc.fxp,删除程序文件而编译后的文件仍存在,因此重新执行"DO myProc"时,执行的是编译后的文件,因此执行结果与第一次的执行结果一致。

【正确答案】 B

3. 下列程序段的输出结果是(   )。

```
ACCEPT TO A
IF A = [123]
   S = 0
ENDIF
S = 1
?S
```

A. 0   B. 1   C. 123   D. 由 A 的值决定

【题目分析】 无论用户从键盘输入的数据是什么,执行完 IF … ENDIF 结构后都要执行到语句"S=1",因此最后输出变量 S 的值为最后给其赋予的值 1。

【正确答案】 B

4. 在 Visual FoxPro 中，编译后的程序文件的扩展名为(　　)。

A. .prg　　B. .exe　　C. .dbc　　D. .fxp

【题目分析】 在 Visual FoxPro 中，.prg 是程序文件的扩展名，.exe 是连编生成的可执行文件的扩展名，.dbc 是数据库文件的扩展名，.fxp 是编译后的程序文件的扩展名。

【正确答案】 D

5. 下列程序段执行时在屏幕上显示的结果是(　　)。

```
x1 = 20
x2 = 30
SET UDFPARMS TO VALUE
DO test WITH x1,x2
?x1,x2
PROCEDURE test
PARAMETERS a,b
   x = a
   a = b
   b = x
ENDPRO
```

A. 30 30　　B. 30 20　　C. 20 20　　D. 20 30

【题目分析】 命令"SET UDFPARMS TO VALUE"设置程序的参数为按值传递，而用命令"DO test WITH x1,x2"这种格式调用过程时却不受"SET UDFPARMS TO"命令的影响，始终为按引用传递参数，即主调程序和被调程序的相应参数使用同一个地址空间，所以在被调程序中对参数的改变会返回给主调程序。过程 test 用参数 a、b 接收主调函数传递过来的变量 $x1$、$x2$，即变量 a 和 $x1$ 使用同一存储空间，变量 b 和 $x2$ 使用同一存储空间；过程 test 的功能是将 a 和 b 两个变量的值进行交换，则 $x1$ 和 $x2$ 两个变量的值也进行了交换。

【正确答案】 B

6. 下列程序段执行时在屏幕上显示的结果是(　　)。

```
DIME a(6)
a(1) = 1
a(2) = 1
FOR i = 3 TO 6
    a(i) = a(i-1) + a(i-2)
NEXT
?a(6)
```

A. 5　　B. 6　　C. 7　　D. 8

【题目分析】 该程序首先声明了一个包含 6 个元素的一维数组 a，并将前两个元素赋值为 1；接下来执行 4 次 FOR … NEXT 结构的循环，为数组 a 的后 4 个元素赋值，赋值方法为：每个数组元素为其前两个数组元素值的和。所以数组 a 的各数组元素的值为 1 1 2 3 5 8。

【正确答案】 D

7. 在 Visual FoxPro 中，有如下程序，函数 IIF( )返回值是(　　)。

```
*程序
PRIVATE X, Y
```

```
STORE "男" TO X
Y = LEN(X) + 2
?IIF(Y < 4, "男","女")
RETURN
```

A. "女"　　B. "男"　　C. .T.　　D. .F.

【题目分析】 函数 IIF(表达式,表达式 1,表达式 2)的功能是：判断“表达式”的值，如果为“真”,“表达式 1”的值作为整个函数的返回值；如果为“假”,“表达式 2”的值作为整个函数的返回值。变量 X 的值为字符型常量“男”,两个字符长度，变量 Y 的值为 4，条件“Y＜4”为“假”,所以 IIF 函数的返回值为字符常量"女"。

【正确答案】 A

8. 在 Visual FoxPro 中，程序中不需要用 PUBLIC 等命令明确声明和建立，可直接使用的内存变量是(　　)。

A. 局部变量　　B. 私有变量　　C. 公共变量　　D. 全局变量

【题目分析】 在 Visual FoxPro 中，根据变量的作用范围将变量分为公共变量、私有变量和局部变量三类。在程序中使用变量时，公共变量必须用 PUBLIC 预先声明，局部变量必须用 LOCAL 预先声明，而私有变量可以不需要预先声明直接使用，也可以用 PRIVATE 预先声明。

【正确答案】 B

9. 在 Visual FoxPro 中，用于建立或修改程序文件的命令是(　　)。

A. MODIFY ＜文件名＞　　B. MODIFY COMMAND ＜文件名＞

C. MODIFY PROCEDURE ＜文件名＞　　D. 上面 B 和 C 都对

【题目分析】 在 Visual FoxPro 中，建立或修改程序文件的命令格式为：

```
MODIFY COMMAND [<程序文件名>]
```

【正确答案】 B

10. 在 Visual FoxPro 中有如下程序：

```
*程序名：TEST.PRG
*调用方法：DO TEST
SET TALK OFF
CLOSE ALL
CLEAR ALL
mX = "Visual FoxPro"
mY = "二级"
DO SUB1 WITH mX
? mY + mX
RETURN
*子程序：SUB1.PRG
PROCEDURE SUB1
PARAMETERS mX
LOCAL mX
mX = "Visual FoxPro DBMS 考试"
mY = "计算机等级" + mY
RETURN
```

执行命令 DO TEST 后，屏幕的显示结果为(　　)。

A. 二级 Visual FoxPro

B. 计算机等级二级 Visual FoxPro DBMS 考试

C. 二级 Visual FoxPro DBMS 考试

D. 计算机等级二级 Visual FoxPro

【题目分析】 变量 mX 在过程 SUB1 中重新声明为局部变量(LOCAL)，则将主调程序中的变量 mX 保护起来，不受过程 SUB1 的影响，直到退出过程 SUB1，返回主调程序才恢复该变量。变量 mY 在主调程序和过程 SUB1 中使用的是同一个，因此在过程 SUB1 中改变 mY 的值会返回给主调程序。变量 mX 的值"Visual FoxPro DBMS 考试"只在过程 SUB1 中有效，返回到主调程序后恢复原来的值"Visual FoxPro"；变量 mY 在过程 SUB1 中被修改为"计算机等级二级"，这种修改会返回到主调程序中，因此输出字符型变量 mY 和 mX 标准连接的结果为"计算机等级二级 Visual FoxPro"。

【正确答案】 D

11. 如果有定义 LOCAL data，data 的初值是(　　)。

A. 整数 0　　B. 不定值　　C. 逻辑真　　D. 逻辑假

【题目分析】 在 Visual FoxPro 中，用命令 LOCAL 声明的局部变量以及用命令 PUBLIC 声明的公共变量，一旦声明即在内存中开辟了存储空间，亦即建立了该变量，并且未具体赋值之前都有默认值逻辑假(.F.)；而用命令 PRIVATE 声明的私有变量必须赋值之后才在内存中开辟存储空间，才能建立成功。

【正确答案】 D

12. 下列程序段执行以后，内存变量 y 的值是(　　)。

```
x = 34567
y = 0
DO WHILE x > 0
    y = x % 10 + y * 10
    x = int(x/10)
ENDDO
```

A. 3456　　B. 34567　　C. 7654　　D. 76543

【题目分析】 语句"y = x % 10 + y * 10"的功能是将变量 y 放大 10 倍后与变量 x 的个位数字相加；语句"x = int(x/10)"是将变量 x 缩小 10 倍并取整。因此程序的功能是将变量 x 逆序输出到变量 y 中。

【正确答案】 D

13. 如果在命令窗口执行命令"LIST 名称"，主窗口中显示：

记录号	名称
1	电视机
2	计算机
3	电话线
4	电冰箱
5	电线

假定名称字段为字符型,宽度为 6,那么下面程序段的输出结果是(   )。

```
GO 2
SCAN NEXT 4 FOR LEFT(名称,2) = "电"
    IF RIGHT(名称,2) = "线"
        EXIT
    ENDIF
ENDSCAN
?名称
```

A. 电话线　　B. 电线　　C. 电冰箱　　D. 电视机

【题目分析】 程序的功能是对表中记录号为 2、3、4、5,并且前两个字符是“电”的记录执行循环体操作,最后输出当前记录的“名称”字段的值。循环体的操作是:如果“名称”字段的最后两个字符是“线”则退出循环(EXIT)。记录号为 2 的记录不满足循环条件,不执行循环体;记录号为 3 的记录满足循环条件,执行循环体,在循环体中满足选择条件,因此执行 EXIT 命令退出循环,从而当前记录的记录号为 3,“名称”字段的值为“电话线”。

【正确答案】 A

14. 在 DO WHILE … ENDDO 循环结构中,LOOP 命令的作用是(   )。

A. 退出过程,返回程序开始处
B. 转移到 DO WHILE 语句行,开始下一个判断和循环
C. 终止循环,将控制转移到本循环结构 ENDDO 后面的第一条语句继续执行
D. 终止程序执行

【题目分析】 在 Visual FoxPro 的循环结构中,LOOP 命令的功能是提前结束本次循环,返回到循环头继续进行下一次循环条件的判断;EXIT 命令的功能是结束整个循环,继续执行循环体后面的语句。

【正确答案】 B

15. 在 DO WHILE … ENDDO 循环结构中,EXIT 命令的作用是(   )。

A. 退出过程,返回程序开始处
B. 转移到 DO WHILE 语句行,开始下一个判断和循环
C. 终止循环,将控制转移到本循环结构 ENDDO 后面的第一条语句继续执行
D. 终止程序执行

【题目分析】 在 Visual FoxPro 的循环结构中,LOOP 命令的功能是提前结束本次循环,返回到循环头继续进行下一次循环条件的判断;EXIT 命令的功能是结束整个循环,继续执行循环体后面的语句。

【正确答案】 C

二、填空题

1. 执行下述程序段,显示的结果是________。

```
A = 10
B = 20
?IIF(A > B,"A 大于 B","A 不大于 B")
```

【正确答案】 A 不大于 B

2. 仅由顺序、选择(分支)和重复(循环)结构构成的程序是________程序。

【正确答案】 结构化

3. 在 Visual FoxPro 中,有如下程序:

```
 * 程序名: TEST.PRG
SET TALK OFF
PRIVATE X, Y
X = "数据库"
Y = "管理系统"
DO sub1
?X + Y
RETURN
 * 子程序: sub1
PROCEDU sub1
LOCAL X
X = "应用"
Y = "系统"
X = X + Y
RETURN
```

执行命令"DO TEST"后,屏幕显示的结果应是________。

【正确答案】 数据库系统

4. 在 Visual FoxPro 中,程序文件的扩展名是________。

【正确答案】 .prg

5. 符合结构化原则的三种基本控制结构是选择结构、循环结构和________。

【正确答案】 顺序结构

6. 说明公共变量的命令关键字是________(关键字必须拼写完整)。

【正确答案】 PUBLIC

7. 在 Visual FoxPro 中,将只能在建立它的模块中使用的内存变量称为________。

【正确答案】 局部变量

8. 在 Visual FoxPro 中,可以使用________语句跳出 SCAN … ENDSCAN 循环体外执行 ENDSCAN 后面的语句。

【正确答案】 EXIT

9. 以下程序段的输出结果是________。

```
s = 1
i = 0
do while i < 8
    s = s + i
    i = i + 2
enddo
?s
```

【正确答案】 13

10. 以下程序段的输出结果是________。

```
i = 1
```

```
DO WHILE i < 10
    i = i + 2
ENDDO
?i
```

【正确答案】 11

11. 执行下列程序,显示的结果是________。

```
one = "WORK"
two = ""
a = LEN(one)
i = a
DO WHILE i >= 1
    two = two + SUBSTR(one,i,1)
    i = i - 1
ENDDO
?two
```

【正确答案】 KROW

12. 以下程序的运行结果是________。

```
CLEAR
STORE 100 TO x1,x2
SET UDFPARMS TO VALUE
DO p4 WITH x1,(x2)
?x1,x2
 *过程 p4
PROCEDURE p4
PARAMETERS x1,x2
STORE x1 + 1 TO x1
STORE x2 + 1 TO x2
ENDPROC
```

【正确答案】 101 100

2.9 Visual FoxPro 应用系统测试与发布(第 9 章)习题解析及参考答案

一、选择题

1. 项目文件的扩展名为(　　)。

A. .pro　　B. .prg　　C. .pjx　　D. .pjt

【题目分析】 在 Visual FoxPro 中,.prg 是程序文件的扩展名,.pjx 是项目文件的扩展名,.pjt 是项目备注文件的扩展名。

【正确答案】 C

2. 以命令方式修改项目文件使用的命令是(　　)。

A. MODIFY COMMAND　　B. CHANG PROJECT

C. MODIFY PROJECT　　D. CHANGE COMMAND

第二章

【题目分析】 在 Visual FoxPro 中，修改项目文件的命令格式为：

```
MODIFY PROJECT [<项目文件名> | ?]
```

【正确答案】 C

3. 项目管理器中的主文件（　　）。

A. 可以是项目文件中的任何一个文件

B. 一个可运行的文件，通常是程序文件、菜单文件或表单文件

C. 可同时设多个文件为主文件

D. 只能是一个程序文件

【题目分析】 启动应用程序时首先执行的文件称为主文件，主文件是应用程序的入口，即起始程序。通常主文件可以是程序文件、菜单程序、表单文件；并且一个项目中只能设置一个主文件。

【正确答案】 B

4. 在项目管理器的连编选项对话框中，连编. app 文件应选择（　　），连编. exe 文件应选择（　　）。

A. 重新连编项目　　B. 连编应用程序

C. 连编可执行文件　　D. 连编 COM DLL

【题目分析】 在 Visual FoxPro 的项目管理器中，"连编应用程序"得到扩展名为. app 的应用程序，"连编可执行文件"得到扩展名为. exe 的可执行文件，"连编 COM DLL"得到扩展名为. dll 的动态链接库文件，供其他程序调用。

【正确答案】 B；C

二、填空题

1. 表单、程序分别位于项目管理器的________选项卡和________选项卡下。

【正确答案】 "文档"；"代码"

2. 以命令方式创建项目使用________命令动词，完整的命令格式是________。

【正确答案】 CREATE；CREATE PROJECT [<项目文件名> | ?]

3. 项目文件中整个项目的入口文件被称为________。

【正确答案】 主文件

4. 选择"项目"菜单下的________命令，可以对项目中的文件添加说明。

【正确答案】 编辑说明

5. 项目管理器中，使用________命令按钮，可以创建可执行文件，在没有安装 Visual FoxPro 的计算机系统中使用创建的应用程序，需要复制________和________两个 Visual FoxPro 系统文件。

【正确答案】 连编；VFP6R. DLL；VFP6RCHS. DLL

6. 在 Visual FoxPro 中制作安装盘可以通过________菜单下的________再选择________命令实现。

【正确答案】 工具；向导；安装

第三篇 模拟测试题、全国计算机等级考试(二级)试题及参考答案

3.1 模拟测试题(一)

一、选择题

1. DB、DBS和DBMS三者之间的关系是________。

A. DBS包括DB和DBMS　　B. DBMS包括DB和DBS
C. DB包括DBS和DBMS　　D. DBS就是DB,也就是DBMS

2. Visual FoxPro支持的数据模型是________。

A. 层次数据模型　　B. 关系数据模型
C. 网状数据模型　　D. 树状数据模型

3. 商场中,顾客和商品之间的联系类型是________。

A. 1∶1　　B. 1∶*m*　　C. *m*∶*n*　　D. *m*∶1

4. 如果要改变一个关系中属性的排列顺序,应使用的关系运算是________。

A. 重建　　B. 联接　　C. 选择　　D. 投影

5. "项目管理器"的"数据"选项卡用于显示和管理________。

A. 数据库、自由表和查询　　B. 数据库、视图和查询
C. 数据库、自由表、查询和视图　　D. 数据库、表单和查询

6. 在表结构中,逻辑型、日期型、备注型字段的宽度分别固定为________。

A. 1、8、任意　　B. 1、8、4　　C. 1、6、4　　D. 3、8、10

7. 用DIMENSION a(2,3)命令定义数组a后再对各元素赋值:a(1,2)=2, a(2,1)="abc",a(2,2)=5,a(2,3)={^2008-12-25},然后再执行命令"? a(5)",则显示的结果是________。

A. 变量未定义　　B. .f.　　C. 3　　D. 5

8. 在Visual FoxPro中,有下面几个内存变量赋值语句:

```
x = {^2008 - 12 - 25}
y = .f.
z = $888.8
m = [888.8]
n = 888.8
```

执行上述赋值语句之后,内存变量*x*、*y*、*z*、*m*、*n*的数据类型分别是________。

A. D、L、Y、C、N　　B. D、L、M、C、N
C. T、L、M、C、N　　D. T、L、Y、C、N

9. 在下面的 Visual FoxPro 表达式中，运算结果是逻辑真的是________。

A. EMPTY(.NULL.)　　B. AT("A","123ABC")

C. EMPTY(SPACE(2))　　D. LIKE("ABCD","AB")

10. 调用函数 LEN(SPACE(8)-SPACE(3))的结果是________。

A. 11　　B. 5　　C. 8　　D. 3

11. 在 Visual FoxPro 中，打开数据库的命令是________。

A. OPEN DATABASE ＜数据库名＞　　B. USE ＜数据库名＞

C. USE DATABASE ＜数据库名＞　　D. OPEN ＜数据库名＞

12. 在 Visual FoxPro 6.0 中，以下关于自由表的叙述正确的是________。

A. 全部是用以前版本的 FoxPro 建立的表

B. 自由表可以添加到数据库中，但数据库表不可从数据库中移出成为自由表

C. 自由表可以添加到数据库中，数据库表也可以从数据库中移出成为自由表

D. 可以用 Visual FoxPro 建立，但是不能把它添加到数据库中

13. 当前表文件有 5 个记录，当前记录是 3 号记录，执行"LIST REST"后，函数 RECNO()和 EOF()的值分别是________。

A. 5 和 .F.　　B. 6 和 .F.

C. 5 和 .T.　　D. 6 和 .T.

14. 表文件 CJ.DBF 中有性别(C)和平均分(N)字段，要显示平均分超过 90 分和不及格这两种情况的全部女生记录，应当使用命令________。

A. LIST FOR 性别="女" .AND. 平均分>90 .OR. 平均分<60

B. LIST FOR 性别="女"，平均分>90，平均分<60

C. LIST FOR 性别="女" .AND. 平均分>90 .AND. 平均分<60

D. LIST FOR 性别="女" .AND. (平均分>90 .OR. 平均分<60)

15. 下列 4 组命令中，不能产生新的表文件的是________。

A. USE XSK
INDEX ON 姓名 TO NAME

B. USE XSK
COPY TO RSK STRU EXTE

C. USE XSK
COPY STRU TO RSK

D. USE XSK
COPY TO RSK

16. 在 Visual FoxPro 中，要对所有工程师增加 500 元工资，应使用的命令是________。

A. CHANGE 工资 WITH 工资+500 FOR 职称="工程师"

B. REPLACE 工资 WITH 工资+500 FOR 职称=工程师

C. CHANGE ALL 工资 WITH 工资+500 FOR 职称="工程师"

D. REPLACE ALL 工资 WITH 工资+500 FOR 职称="工程师"

17. 若要避免用户在字段中输入重复的数据，应根据此字段创建________类型的索引，以便自动进行唯一性检查。

A. 主索引或候选索引　　B. 主索引或唯一索引

C. 候选索引或唯一索引　　D. 普通索引

18. 数据库中的数据完整性不包括________。

A. 实体完整性　　B. 域完整性　　C. 参照完整性　　D. 记录完整性

19. 数据库中,在参照完整性的更新规则中,若选择“级联”,则________。

A. 用新的联接字段值自动更新子表中的相关所有记录

B. 若子表中有相关记录,则禁止修改父表中的联接字段值

C. 修改子表字段值时,主表也将自动更新相关的所有记录

D. 若主表中有相关的记录,则禁止改写子表中的联接字段值

20. 要使插入菜单项用“I”作为访问快捷键,可用________定义该菜单标题。

A. 插入(I)　B. 插入(<\I)　C. 插入(\<I)　D. 插入(^I)

21. 在 Visual FoxPro 系统环境下,运行表单的命令为________。

A. DO FORM 表单名　B. DO 表单名

C. REPORT FORM 表单名　D. RUN 表单名

22. Visual FoxPro 的报表文件. frx 中保存的是________。

A. 打印报表的预览格式　B. 打印报表本身

C. 报表的格式和数据　D. 报表设计格式的定义

23. 以下关于表间的关系的叙述正确的是________。

A. 主表和从表没有索引也可以建立表间永久关系

B. 自由表和数据库表间可以建立表间永久关系

C. 主表和从表没有索引也可以建立表间临时关系

D. 自由表和数据库表间可以建立表间临时关系

24. 在 Visual FoxPro 中,将学生表中的年龄字段的值增加 1 岁,应该使用命令________。

A. UPDATE 学生 年龄 WITH 年龄+1

B. REPLACE ALL 年龄=年龄+1

C. UPDATE SET 年龄 WITH 年龄+1

D. UPDATE 学生 SET 年龄=年龄+1

25. 以下 SQL 语句中,修改表结构的是________。

A. MODIFY TABLE　B. MOFIFY STRUCTURE

C. ALTER TABLE　D. ALTER STRUCTURE

第 26~30 题是基于下列 3 表的操作。

设有图书管理数据库:

图书(总编号 C(6),分类号 C(8),书名 C(16),作者 C(6),出版单位 C(20),单价 N(6,2))
读者(借书证号 C(4),单位 C(8),姓名 C(6),性别 C(2),职称 C(6),地址 C(20))
借阅(借书证号 C(4),总编号 C(6),借书日期 D(8))

26. 对于图书管理数据库,查询 0001 号借书证的读者姓名和所借图书的书名,SQL 语句正确的是________。

SELECT 姓名,书名 FROM 借阅,图书,读者 WHERE 借阅.借书证号="0001" and ________

A. 图书.总编号=借阅.总编号 AND 读者.借书证号=借阅.借书证号

B. 图书.分类号=借阅.分类号 AND 读者.借书证号=借阅.借书证号

C. 读者.总编号=借阅.总编号 AND 读者.借书证号=借阅.借书证号

D. 图书.总编号＝借阅.总编号 AND 读者.书名＝借阅.书名

27. 对于图书管理数据库，查询所藏图书中有两种及两种以上的图书出版社所出版图书的最高单价和平均单价，下面 SQL 语句正确的是________。

```
SELECT 出版单位,MAX(单价),AVG(单价) FROM 图书
```

A. GROUP BY 出版单位 HAVING COUNT 总编号＞＝2

B. GROUP BY 出版单位 HAVING COUNT(DISTINCT 总编号)＞＝2

C. GROUP BY 出版单位＞＝2

D. WHERE 总编号＞＝2

28. 对于图书管理数据库，检索电子工业出版社的所有图书的书名和书价，检索结果按书价降序排列，下面 SQL 语句正确的是________。

```
SELECT 书名,单价 FROM 图书 WHERE 出版单位 = "电子工业出版社"________
```

A. GROUP BY 单价 DESC　　　　B. ORDER BY 单价 DESC

C. ORDER BY 单价 ASC　　　　D. GROUP BY 单价 ASC

29. 对于图书管理数据库，检索借阅了《网络技术》一书的借书证号，下面 SQL 语句正确的是________。

```
SELECT 借书证号 FROM 借阅 WHERE 总编号 = ________
```

A. (SELECT 借书证号 FROM 图书 WHERE 书名＝"网络技术")

B. (SELECT 总编号 FROM 图书 WHERE 书名＝"网络技术")

C. (SELECT 借书证号 FROM 借阅 WHERE 书名＝"网络技术")

D. (SELECT 总编号 FROM 借阅 WHERE 书名＝"网络技术")

30. 对于图书管理数据库，检索所有借阅了图书的读者姓名和所在单位，下面 SQL 语句正确的是________。

```
SELECT DISTINCT 姓名,单位 FROM 读者,借阅________
```

A. WHERE 图书.总编号 ＝ 借阅.总编号

B. WHERE 读者.借书证号 ＝ 借阅.借书证号

C. WHERE 总编号 IN (SELECT 借书证号 FROM 借阅)

D. WHERE 总编号 NOT IN (SELECT 借书证号 FROM 借阅)

二、填空题

31. 利用项目管理器建立数据库，则该数据库文件的扩展名是________。

32. 表达式 ROUND(15.8,－1)＜INT(15.81)的值是________。

33. 与 DISPLAY 命令完全等价的 LIST 命令是________。

34. 查询设计器和视图设计器的主要不同表现在视图设计器有________选项卡。

35. 在 Visual FoxPro 中，使用 SQL 语言的 ALTER TABLE 命令给学生表 STU 增加一个字符型 E-mail 字段，长度 30，命令是(关键字必须拼写完整)：

```
ALTER TABLE STU ________ Email C(30)
```

36. 执行下列程序后，输出结果为________。

```
S = 1
I = 1
DO WHILE I <= 5
    S = S * I
    I = I + 1
ENDDO
?S
```

37. 计时器(Timer)控件中设置时间间隔的属性为________。

38. 创建对象时触发的事件是 Init，从内存中释放对象时触发的事件是________。

39. SQL 支持集合的并运算，运算符是________。

40. 在 Visual FoxPro 中，使用 SQL 的 SELECT 语句将查询结果存储到一个临时表中，应该使用________子句。

三、表单设计题

41. 设计如图 3-1-1 所示的登录信息窗口，主要设计步骤如下(设计界面如图 3-1-2 所示)。

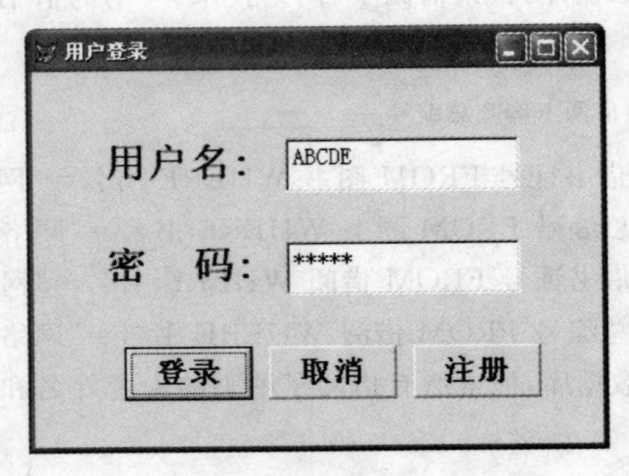

图 3-1-1　运行界面

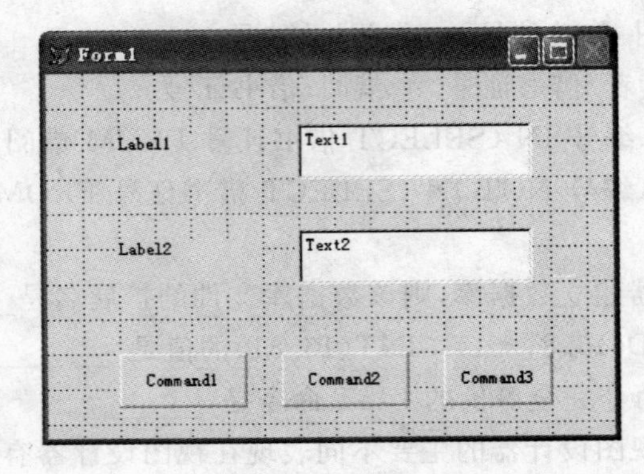

图 3-1-2　设计界面

1) 主要属性

将表单、标签和命令按钮的________(标题)属性分别设置为“用户登录”、“用户名：”、

"密 码："、"登录"、"取消"和"注册"。

修改相应控件的 FontSize、FontBold 等属性。

将文本框(Text2)的________属性设置为"＊"，使得当运行时，在 Text2 中输入的字符不以明文显示而用一串"＊"代替。

2）主要事件

单击"登录"按钮时，验证用户信息是否正确("ABCDE"、"12345")，并显示相应的信息框提示用户，其 Click()事件的主要代码如下：

```
IF Thisform.Text1.Value == "ABCDE" ________ Thisform.Text2.Value == "12345"
    MESSAGEBOX("登录成功!")
ELSE
    MESSAGEBOX("用户名或密码错误!")
ENDIF
```

单击"取消"按钮时，关闭"用户登录"窗口，Click()事件的主要代码如下：

```
Thisform.________
```

42. 设计如图 3-1-3 所示的 rsb.dbf 中记录查询、显示界面，主要步骤如下：

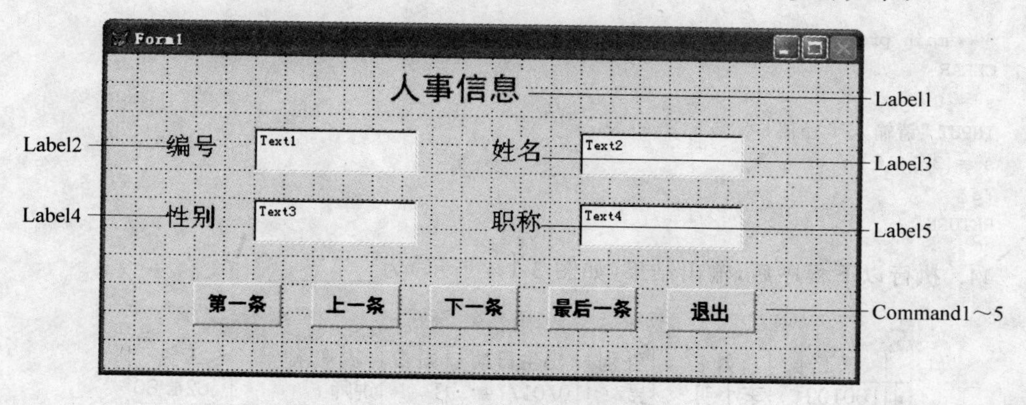

图 3-1-3　记录查询、显示界面

1）主要属性

```
Thisform.Label1.Caption = ________      /＊设置标题属性＊/
Thisform.Label1.________ = "黑体"      /＊设置字体属性＊/
⋮
Thisform.Command1.Caption = "第一条"
⋮
```

2）添加数据环境

将________添加到数据环境设计器。

3）主要事件

Command1(第一条)的 Click()事件代码如下：

```
GO TOP                     && 记录指针指向首记录
Thisform.Refresh           && 刷新表单
```

Command2(上一条)的 Click()事件代码：

```
__________________          && 记录指针指向上一条记录
Thisform.Refresh
```

Command3(下一条)的 Click()事件代码：

```
SKIP                        && 记录指针指向下一条记录
Thisform.Refresh
```

Command4(最后一条)的 Click()事件代码：

```
__________________          && 记录指针指向最后一条记录
Thisform.Refresh
```

Command5(退出)的 Click()事件代码：

```
__________________ Thisform          && 释放表单
```

四、程序分析题

43. 有如下程序，在命令窗口执行"DO main"后，用户输入数值型的数据 10，回车后的输出结果为________(结果保留两位小数)。

```
*** main.prg ***
CLEAR
s = 0
INPUT "请输入半径值: " TO r
s = 3.1416 * r * r
?s
RETURN
```

44. 执行以下程序后，输出结果(如图 3-1-4 所示)为________。

Rsh

职工号	姓名	性别	出生日期	婚否	职称	工资
100102	李小明	男	10/01/74	T	讲师	624.80
100129	李新	女	02/12/80	F	助教	318.00
100130	刘明明	男	12/11/79	F	助教	382.90
100131	张继业	男	10/10/68	F	教授	1658.50
100203	孙志	男	11/20/80	F	助教	320.80
100213	王伟华	男	10/02/72	T	讲师	769.99
100234	谢家驹	男	01/12/78	F	教授	1754.60
100235	刘云	女	11/02/81	T	助教	420.80
100236	王大成	男	12/09/65	T	教授	1543.50
100237	赵红	女	09/12/82	F	助教	378.50
100238	沈慧	女	10/18/78	F	讲师	821.00

图 3-1-4　输出结果

```
USE rsh                        /* rsh 共 11 条记录 */
js = 0
zj = 0
DO WHILE .NOT. EOF()
```

```
    IF 职称 = "讲师"
        js = js+1
    ENDIF
    IF 职称 = "助教"
        zj = zj+1
    ENDIF
    SKIP
ENDDO
? js , zj
USE
```

五、程序改错题(每个 FOUND 下一行有一处错误)

45. 题目：以下查询的功能是将职称为“讲师”的记录找出，结果包含 rsb 表中的所有字段以及 gzb 表中的奖励字段，并且将结果按基本工资降序存放在以 mm 命名的永久表中。

(注意：不可以增加或删除程序行，也不可以更改程序的结构。)

```
*********** FOUND ***********
SELECT rsb.all, gzb.奖励 FROM ;
rsb INNER JOIN gzb;
  ON rsb.编号 = gzb.编号;
*********** FOUND ***********
  FOR 职称 = "讲师";
*********** FOUND ***********
    GROUP BY 基本工资 DESC;
      INTO TABLE mm
```

正确答案 1：________________

正确答案 2：________________

正确答案 3：________________

46. 题目：从键盘输入 10 个非零整数，统计能被 3 整除的数的个数。

(注意：不可以增加或删除程序行，也不可以更改程序的结构。)

```
STORE 0 TO i , a
*********** FOUND ***********
FOR i < 10
    INPUT "请输入一个整数: " TO n
    IF n%3 = 0
        a = a+1
*********** FOUND ***********
    ELSE
    i=i+1
ENDDO
?a
```

正确答案 1：________________

正确答案 2：________________

六、简答题

47. 简要说明查询与视图的区别。

48. 简要介绍永久联系和临时联系的区别。

3.2 模拟测试题(一)参考答案

一、选择题

ABCDC　BDACA　ACDDA　DADAC　ADDDC　ABBBB

二、填空题

31. DBC　32. .F.　33. LIST NEXT 1　34. 更新条件　35. ADD
36. 120　37. INTERVAL　38. DESTROY　39. UNION　40. INTO CURSOR

三、表单设计题

41. 1) Caption　PasswordChar　2) AND (或. AND.)　Release
42. 1) "人事信息"　FontName　2) rsb
    3) SKIP －1　GO BOTTOM　Release

四、程序分析题

43. 314.16　　44. 3　5

五、程序改错题

45. rsb.all 改为 rsb.*
    FOR 改为 WHERE
    GROUP 改为 ORDER
46. FOR 改为 DO WHILE
    ELSE 改为 ENDIF

六、简答题

47. (1) 功能不同。查询不能更新源表的数据；视图可以更新源表的数据。
    (2) 从属不同。查询是独立的文件；视图是数据库中的文件。
    (3) 使用方式不同。查询可以直接运行；视图必须先打开数据库才能运行。
    (4) 查询去向不同。查询的输出去向可以是浏览、临时表、表、图形、屏幕、报表和标签等；视图的输出去向只能是浏览。
    (5) 数据源不同。查询只能是本地数据源；视图可以是本地或远程数据源。
48. (1) 永久联系只能在数据库表间建立；临时联系可以在任何表间建立。
    (2) 永久联系建立后始终保留；临时联系随着表的关闭而自动消失。
    (3) 永久联系必须对两个表都建立索引，而且父表必须是主索引或候选索引；临时联系子表需要建立索引。

3.3 模拟测试题(二)

一、选择题

1. 有两个关系 R 和 T 如图 3-3-1 所示。

则由关系 R 得到关系 T 的操作是________。

A. 选择　　B. 投影　　C. 交　　D. 并

R

A	B	C
a	1	2
b	2	2
c	3	2
d	3	2

T

A	B	C
c	3	2
d	3	2

图 3-3-1　关系 R 和 T

2. 一个教师可讲授多门课程，一门课程可由多个教师讲授，则实体教师和课程间的联系是________。

A. 1∶1 联系　　B. 1∶m 联系　　C. m∶1 联系　　D. m∶n 联系

3. 执行如下命令的输出结果是________。

```
?15 % 4,15 % - 4
```

A. 3　-1　　B. 3　3　　C. 1　1　　D. 1　-1

4. 在数据库表中，要求指定字段或表达式不出现重复值，应该建立的索引是________。

A. 唯一索引　　B. 唯一索引和候选索引

C. 唯一索引和主索引　　D. 主索引和候选索引

5. 数据库管理系统是________。

A. 操作系统的一部分　　B. 在操作系统支持下的系统软件

C. 一种编译系统　　D. 一种操作系统

6. 在 Visual FoxPro 中，属于命令按钮属性的是________。

A. Parent　　B. This　　C. ThisForm　　D. Click

7. 假设"图书"表中有 C 型字段"图书编号"，要求将图书编号以字母 A 开头的图书记录全部打上删除标记，可以使用 SQL 命令________。

A. DELETE FROM 图书 FOR 图书编号="A"

B. DELETE FROM 图书 WHERE 图书编号="A%"

C. DELETE FROM 图书 FOR 图书编号="A*"

D. DELETE FROM 图书 WHERE 图书编号 LIKE "A%"

8. 有如下赋值语句，结果为"大家好"的表达式是________。

```
a = "你好"
b = "大家"
```

A. b + AT(a,1)　　B. b + RIGHT(a,1)

C. b + LEFT(a,1)　　D. b + RIGHT(a,2)

9. 在表设计器的"字段"选项卡中，字段有效性的设置项中不包括________。

A. 规则　　B. 信息　　C. 默认值　　D. 标题

10. 在 Visual FoxPro 中，"表"是指________。

A. 报表　　B. 关系　　C. 表格控件　　D. 表单

11. 给 student 表增加一个“平均成绩”字段(数值型,总宽度 6,两位小数)的 SQL 命令是________。

A. ALTER TABLE student ADD 平均成绩 N(6,2)

B. ALTER TABLE student ADD 平均成绩 D(6,2)

C. ALTER TABLE student ADD 平均成绩 E(6,2)

D. ALTER TABLE student ADD 平均成绩 Y(6,2)

12. 使用索引的主要目的是________。

A. 提高查询速度　　B. 节省存储空间

C. 防止数据丢失　　D. 方便管理

13. 在 Visual FoxPro 中,下面关于属性、事件、方法的叙述错误的是________。

A. 属性用于描述对象的状态

B. 方法用于表示对象的行为

C. 事件代码也可以像方法一样被显式调用

D. 基于同一个类产生的两个对象的属性不能分别设置自己的属性值

14. 如果指定参照完整性的删除规则为“级联”,则当删除父表中的记录时________。

A. 系统自动备份父表中被删除记录到一个新表中

B. 若子表中有相关记录,则禁止删除父表中的记录

C. 会自动删除子表中的所有相关记录

D. 不作参照完整性检查,删除父表记录与子表无关

15. 以下关于视图的描述正确的是________。

A. 视图和表一样包含数据　　B. 视图物理上不包含数据

C. 视图定义保存在命令文件中　　D. 视图定义保存在视图文件中

16. 报表的数据源可以是________。

A. 表或视图　　B. 表或查询　　C. 表、查询或视图　　D. 表或其他报表

17. 若 SQL 语句中的 ORDER BY 短语中指定了多个字段,则________。

A. 依次按自右至左的字段顺序排序

B. 只按第一个字段排序

C. 依次按自左至右的字段顺序排序

D. 无法排序

18. 在 Visual FoxPro 中,使用“LOCATE FOR ＜expl＞”命令按条件查找记录,当查找到满足条件的第一条记录后,如果还需要查找满足条件的下一条记录,应该________。

A. 再次使用 LOCATE 命令重新查询

B. 使用 SKIP 命令

C. 使用 CONTINUE 命令

D. 使用 GO 命令

19. 为了使表单界面中的控件不可用,需将控件的某个属性设置为假,该属性是________。

A. Default　　B. Enabled　　C. Use　　D. Enuse

20. 在菜单设计中,可以在定义菜单名称时为菜单项指定一个访问键。规定了菜单项

的访问键为"x"的菜单名称定义是________。

A. 综合查询\<(x)　　B. 综合查询/<(x)

C. 综合查询(\<x)　　D. 综合查询(/<x)

21. 在表单中为表格控件指定数据源的属性是________。

A. DataSource　　B. DataFrom

C. RecordSource　　D. RecordFrom

22. 假设表文件 TEST. dbf 已经在当前工作区打开，要修改其结构，可使用命令________。

A. MODI STRU　　B. MODI COMM TEST

C. MODI DBF　　D. MODI TYPE TEST

23. 为当前表中所有学生的总分增加 10 分，可以使用的命令是________。

A. CHANGE 总分 WITH 总分+10

B. REPLACE 总分 WITH 总分+10

C. CHANGE ALL 总分 WITH 总分+10

D. REPLACE ALL 总分 WITH 总分+10

24. 语句“LIST MEMORY LIKE a*”能够显示的变量不包括________。

A. a　　B. a1　　C. ab2　　D. ba3

25. 在 Visual FoxPro 中，假设表单上有一选项组：○男⊙女，初始时该选项组的 Value 属性值为 1。若选项按钮“女”被选中，该选项组的 Value 属性值是________。

A. 1　　B. 2　　C. "女"　　D. "男"

26. 从 student 表删除年龄大于 30 的记录的正确 SQL 命令是________。

A. DELETE FOR 年龄>30

B. DELETE FROM student WHERE 年龄>30

C. DELETE student FOR 年龄>30

D. DELETE student WHERE 年龄>30

27. 设置文本框显示内容的属性是________。

A. Value　　B. Caption　　C. Name　　D. InputMask

28. 以下关于查询的描述正确的是________。

A. 不能根据自由表建立查询

B. 只能根据自由表建立查询

C. 只能根据数据库表建立查询

D. 可以根据数据库表和自由表建立查询

29. “学生表”中有“学号”、“姓名”和“年龄”3 个字段，SQL 语句“SELECT 学号 FROM 学生”完成的操作称为________。

A. 选择　　B. 投影　　C. 联接　　D. 并

30. 让隐藏的 MeForm 表单显示在屏幕上的命令是________。

A. MeForm. Display　　B. MeForm. Show

C. MeForm. List　　D. MeForm. See

31. “教师表”中有“职工号”、“姓名”、“工龄”和“系号”等字段，“学院表”中有“系名”和

"系号"等字段,求教师总数最多的系的教师人数,正确的命令序列是________。

A. SELECT 教师表.系号, COUNT(*) AS 人数 FROM 教师表,学院表;
GROUP BY 教师表.系号 INTO DBF TEMP
SELECT MAX(人数) FROM TEMP

B. SELECT 教师表.系号, COUNT(*) FROM 教师表,学院表;
WHERE 教师表.系号 = 学院表.系号 GROUP BY 教师表.系号 INTO DBF TEMP
SELECT MAX(人数) FROM TEMP

C. SELECT 教师表.系号, COUNT(*) AS 人数 FROM 教师表,学院表;
WHERE 教师表.系号 = 学院表.系号 GROUP BY 教师表.系号 TO FILE TEMP
SELECT MAX(人数) FROM TEMP

D. SELECT 教师表.系号, COUNT(*) AS 人数 FROM 教师表,学院表;
WHERE 教师表.系号 = 学院表.系号 GROUP BY 教师表.系号 INTO DBF TEMP
SELECT MAX(人数) FROM TEMP

第32～35题基于图书表、读者表和借阅表3个数据库表,它们的结构如下:

图书(图书编号,书名,第一作者,出版社):图书编号、书名、第一作者和出版社为C型字段,图书编号为主关键字。

读者(借书证号,单位,姓名,职称):借书证号、单位、姓名、职称为C型字段,借书证号为主关键字。

借阅(借书证号,图书编号,借书日期,还书日期):借书证号和图书编号为C型字段,借书日期和还书日期为D型字段,还书日期默认值为NULL,借书证号和图书编号共同构成主关键字。

32. 查询第一作者为"张三"的所有书名及出版社,正确的SQL语句是________。

A. SELECT 书名,出版社 FROM 图书 WHERE 第一作者=张三

B. SELECT 书名,出版社 FROM 图书 WHERE 第一作者="张三"

C. SELECT 书名,出版社 FROM 图书 WHERE"第一作者"=张三

D. SELECT 书名,出版社 FROM 图书 WHERE "第一作者"="张三"

33. 查询尚未归还书的图书编号和借书日期,正确的SQL语句是________。

A. SELECT 图书编号, 借书日期 FROM 借阅 WHERE 还书日期=""

B. SELECT 图书编号, 借书日期 FROM 借阅 WHERE 还书日期=NULL

C. SELECT 图书编号, 借书日期 FROM 借阅 WHERE 还书日期 IS NULL

D. SELECT 图书编号, 借书日期 FROM 借阅 WHERE 还书日期

34. 查询"读者"表的所有记录并存储于临时表文件one中的SQL语句是________。

A. SELECT * FROM 读者 INTO CURSOR one

B. SELECT * FROM 读者 TO CURSOR one

C. SELECT * FROM 读者 INTO CURSOR DBF one

D. SELECT * FROM 读者 TO CURSOR DBF one

35. 查询单位名称中含"北京"字样的所有读者的借书证号和姓名,正确的SQL语句是________。

A. SELECT 借书证号, 姓名 FROM 读者 WHERE 单位="北京%"

B. SELECT 借书证号，姓名 FROM 读者 WHERE 单位="北京*"

C. SELECT 借书证号，姓名 FROM 读者 WHERE 单位 LIKE "北京*"

D. SELECT 借书证号，姓名 FROM 读者 WHERE 单位 LIKE "%北京%"

二、填空题

36. 表达式 EMPTY(.NULL.)的值是________。

37. 在 Visual FoxPro 中，职工表 EMP 中包含通用型字段，这些通用型字段中的数据均存储到另一个文件中，该文件名为________。

38. 在 Visual FoxPro 中，建立数据库表时，将年龄字段值限制在 18～45 岁之间的这种约束属于________完整性约束。

39. 使用 SQL 的 CREATE TABLE 语句建立数据库表时，为了说明主关键字应该使用关键词________ KEY。

40. 在表单设计中，关键字________表示当前对象所在的表单。

41. 预览报表 myreport 的命令是 REPORT FORM myreport ________。

42. 已有查询文件 queryone.qpr，要执行该查询文件可使用命令________。

43. 在 Visual FoxPro 中，表示时间 2009 年 3 月 3 日的常量应写为________。

44. 为"成绩"表中"总分"字段增加有效性规则"总分必须大于等于 0 并且小于等于 750"，正确的 SQL 语句是：

________ TABLE 成绩 ALTER 总分 SET CHECK 总分>=0 AND 总分<=750

45. 在 SQL SELECT 语句中使用 Group By 进行分组查询时，如果要求分组满足指定条件，则需要使用________子句来限定分组。

46. 可以使编辑框的内容处于只读状态的两个属性是 ReadOnly 和________。

47. 有一个学生选课的关系，其中，学生的关系模式为：学生(学号，姓名，班级，年龄)，课程的关系模式为：课程(课号，课程名，学时)，两个关系模式的键分别是学号和课号，则关系模式选课可定义为：选课(学号，________，成绩)。

48. 表达式 score<=100 AND score>=0 的数据类型是________。

49. 删除视图 MyView 的命令是________。

50. 在 SQL 的 SELECT 查询中，使用________关键词消除查询结果中的重复记录。

三、写 VFP 命令题

已知人事表(RSB.DBF)的结构如下：

RSB(编号 C(4)，姓名 C(8)，性别 C(2)，出生日期 D(8)，职称 C(6)，;

基本工资 N(7,2)，婚否 L)

根据人事表(RSB.dbf)完成如下操作(假设每项操作前均已打开表)：

51. 将人事表中所有职称为讲师的教师基本工资加 100。

52. 将记录指针定位在姓名为吴晓君的记录上。

53. 逻辑删除人事表中所有已婚教师的记录(婚否字段的值为"真"表示已婚)。

54. 将 rsb 表中所有男教师的信息复制到 rsbone.dbf 中。

55. 建立一个结构复合索引文件，要求：

索引类型为候选索引，按编号降序排列，索引名为 bh。

四、表单设计题

56. 利用表单设计器设计如图 3-3-2 所示的用户登录界面,设计界面如图 3-3-3 所示,主要设计步骤如下。

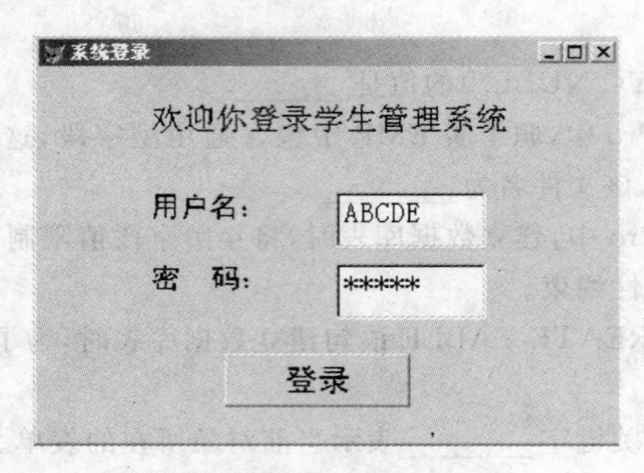

图 3-3-2　运行界面

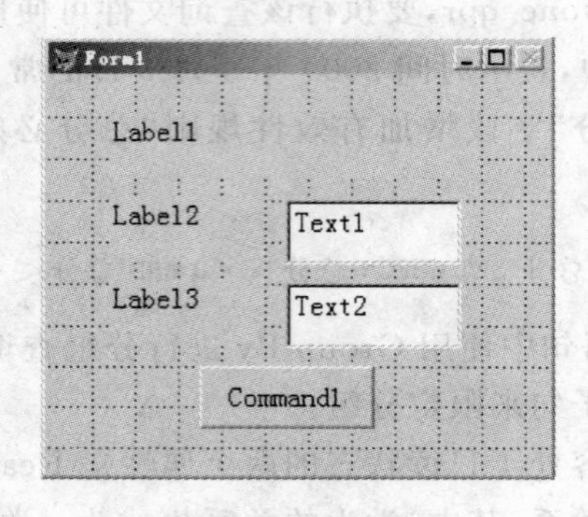

图 3-3-3　设计界面

1) 主要属性(一个空):

将表单(Form1)、标签(Label1、Label2、Label3)和命令按钮(Command1)的 Caption 属性分别设置为"系统登录"、"欢迎你登录学生管理系统"、"用户名:"、"密 码:"、"登录";修改相应控件的 FontSize、FontBold、AutoSize 等属性。

将文本框(Text2)的____(1)____属性设置为"*",使得当运行时,在 Text2 中输入的字符不以明文显示而用一串占位符"*"代替。

2) 主要事件(两个空)

单击"登录"按钮时,验证用户信息是否正确(用户名:"ABCDE";密码:"93571"),并显示相应的信息框提示用户,其 Click()事件代码如下:

```
IF ALLTRIM(Thisform.Text1.Value) == "ABCDE";
    ____(2)____ ALLTRIM(Thisform.Text2.Value) == "93571"
    MESSAGEBOX("登录成功!")
ELSE
    MESSAGEBOX("用户名或密码错误!")
____(3)____
```

57. 利用表单设计器设计如图 3-3-4 所示的"学生基本情况"表单,该表单有如下功能:

单击其底部的“第一个”按钮将显示学生档案表 XSDA. dbf 的第一条记录；单击“上一个”按钮将显示上一条记录；单击“下一个”按钮将显示下一条记录；单击“最后一个”按钮将显示最后一条记录；单击“关闭”按钮将释放表单。主要设计步骤如下。

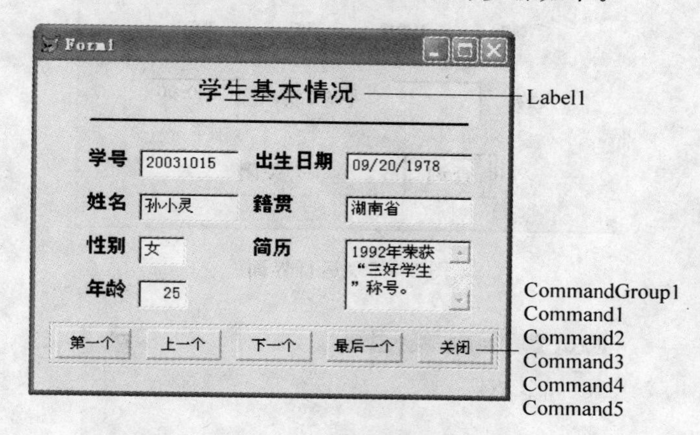

图 3-3-4 “学生基本情况”表单

1）添加数据环境

将 XSDA. dbf 表添加到数据环境设计器中。

2）主要属性（一个空）

```
Thisform . Label1 . Caption = ____(4)____        && 设置标题属性
Thisform . Label1 . Fontname = "黑体"            && 设置字体属性
⋮
```

3）主要事件（3 个空）

CommandGroup1 的 Click()事件代码如下：

```
DO CASE
    CASE This.Value = 1
        GO TOP                              && 记录指针指向首记录
    CASE This.Value = 2
    ____(5)____                             && 记录指针指向上一条记录
    CASE This.Value = 3
        SKIP                                && 记录指针指向下一条记录
    CASE This.Value = 4
    ____(6)____                             && 记录指针指向最后一条记录
    CASE This.Value = 5
    Thisform . Release                      && 释放表单
ENDCASE
____(7)____                                 && 刷新表单
```

58. 利用表单设计器设计如图 3-3-5 所示的“数据查询”表单。表单功能说明如下：

从选项按钮组中选择某一种职称，单击“查询”按钮，则在第一个文本框（Text1）中显示该种职称的人数，在第二个文本框（Text2）中显示该种职称的平均工资；单击“关闭”按钮，退出表单，设计界面如图 3-3-6 所示。主要设计步骤如下。

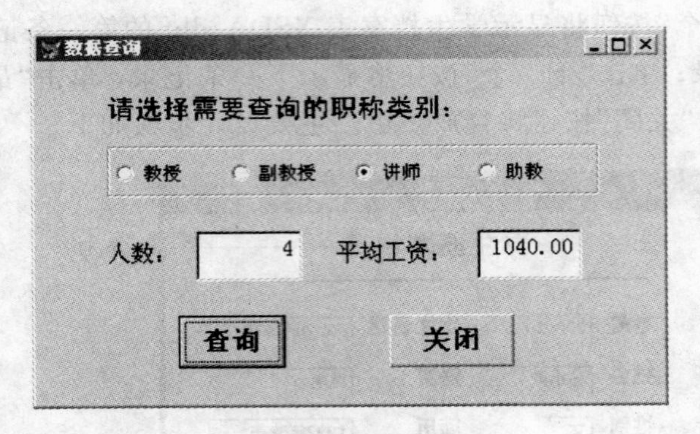

图 3-3-5　运行界面

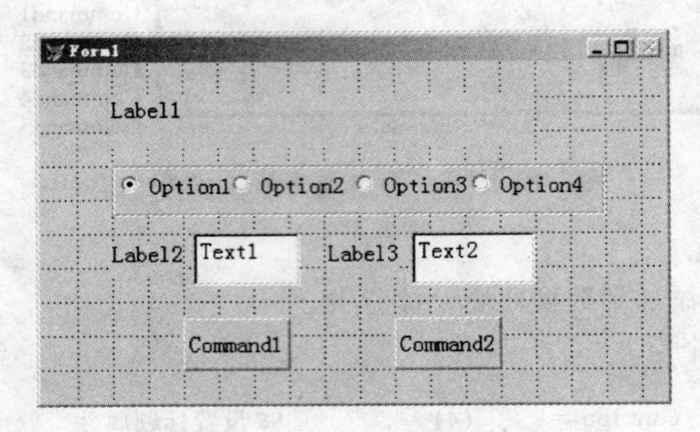

图 3-3-6　设计界面

1）主要属性

```
Thisform . Caption = "数据查询"                        && 设置标题属性
Thisform . Label1 . Fontsize = 14
⋮
```

2）添加数据环境

将 rsb. dbf 添加到数据环境设计器中。

3）主要事件(3 个空)

Command1(查询)的 Click()事件代码如下：

```
DO CASE
    CASE ____(8)____
        SELECT COUNT( * ),AVG(基本工资) FROM rsb;
        WHERE 职称 = [教授] INTO ARRAY mm
    CASE Thisform.Optiongroup1.Value = 2
        SELECT COUNT AVG(基本工资) FROM rsb;
        WHERE 职称 = [副教授] INTO ARRAY mm
    CASE Thisform.Optiongroup1.Value = 3
        SELECT COUNT( * ),AVG(基本工资) FROM rsb;
        WHERE 职称 = [讲师] INTO ARRAY mm
    CASE Thisform.Optiongroup1.Value = 4
        SELECT COUNT( * ),AVG(基本工资) FROM rsb;
        WHERE 职称 = [助教] INTO ARRAY mm
```

```
      (9)
Thisform.Text1.Value =      (10)
Thisform.Text2.Value = mm(2)
```

Command2(关闭)的 Click()事件代码略。

五、程序分析题

59. 运行程序 exam1 时,假设用户输入的数据为 15 和 10,请写出该程序的运行结果。

```
*********** 程序(exam1.prg) ***********
CLEAR
INPUT "请输入 a: " TO a
INPUT "请输入 b: " TO b
?a, b
IF a > b
    a = a + b
    b = a - b
    a = a - b
ENDIF
?a, b
RETURN
```

程序的运行结果为________

60. 程序 exam2 的功能是:将 rsb 表中基本工资小于 1000 的记录的编号、姓名、基本工资 3 个字段输出,并统计这些职工的人数。

```
*********** 程序(exam2.prg) ***********
CLEAR
USE rsb
n = 0
SCAN FOR 基本工资< 1000
    ?编号,姓名,基本工资
    n = n + 1
ENDSCAN
? "基本工资在 1000 元以下的人数有: " + STR(N,2) + "人"
USE
RETURN
```

现在用 DO WHILE … ENDDO 结构完成同样的功能,请将程序 exam3 补充完整。

```
*********** 程序(exam3.prg) ***********
CLEAR
USE rsb
n = 0
LOCATE FOR 基本工资< 1000
DO WHILE      (1)
    ?编号,姓名,基本工资
    n = n + 1
       (2)
ENDDO
? "基本工资在 1000 元以下的人数有: " + STR(N,2) + "人"
USE
```

```
RETURN
```

六、简答题

61. 简述组成数据库系统的 4 个要素,分别说明它们在数据库系统中所起的作用。

62. SQL SELECT 语句的语法中有查询去向子句,例如 TO SCREEN。列举出 INTO 子句的语法格式。

3.4 模拟测试题(二)参考答案

一、选择题

ADADB　ADDDB　AADCB　CCCBC　CADDB　BADBB　DBCAD

二、填空题

36. .F.　37. EMP.FPT　38. 域　39. PRIMARY　40. THISFORM

41. PREVIEW　42. DO QUERYONE.QPR　43. {^2009-03-03}　44. ALTER

45. HAVING　46. ENABLED　47. 课号　48. L

49. DROP VIEW MYVIEW　50. DISTINCT

三、写 VFP 命令题

51. REPLACE ALL 基本工资 WITH 基本工资+100 FOR 职称="讲师"

52. LOCATE FOR 姓名="吴晓君"

53. DELETE FOR 婚否

54. COPY TO rsbone FOR 性别="男"

55. INDEX ON 编号 DESC TAG bh CANDIDATE

四、表单设计题

56. (1)PASSWORDCHAR　(2)AND　(3)ENDIF

57. (4)"学生基本情况"　(5)SKIP -1　(6)GO BOTTOM
    (7) THISFORM.REFRESH

58. (8)THISFORM.OPTIONGROUP1.VALUE=1　(9)ENDCASE　(10)mm(1)

五、程序分析题

59. 15　10
    10　15

60. (1)FOUND( )　(2)CONTINUE

六、简答题

61. 数据库——DBS 处理的全部数据
    软件系统——DBS 中执行数据管理和操作的工具
    硬件系统——支持数据库系统运行的全部硬件
    数据库管理员——负责 DBS 设计、运行和维护

62. INTO CURSOR <临时表名>
    INTO TABLE | DBF <表名>
    INTO ARRAY <数组名>

3.5 全国计算机等级考试(二级 Visual FoxPro)

(无纸化考试)

一、选择题(40 分)

1. 下列叙述中正确的是(　　)。

A. 栈是“先进先出”的线性表

B. 队列是“先进后出”的线性表

C. 循环队列是非线性结构

D. 有序线性表既可以采用顺序存储结构,也可以采用链式存储结构

【试题解析】 栈是先进后出的线性表,所以选项 A 错误;队列是先进先出的线性表,所以选项 B 错误;循环队列是线性结构的线性表,所以选项 C 错误。

【参考答案】 D

2. 支持子程序调用的数据结构是(　　)。

A. 栈　　B. 树　　C. 队列　　D. 二叉树

【试题解析】 栈支持子程序调用。栈是一种只能在一端进行插入或删除的线性表,在主程序调用子函数时要首先保存主程序当前的状态,然后转去执行子程序,最终把子程序的执行结果返回到主程序中调用子程序的位置,继续向下执行,这种调用符合栈的特点,因此本题的答案为 A。

【试题答案】 A

3. 某二叉树有 5 个度为 2 的结点,则该二叉树中的叶子结点数是(　　)。

A. 10　　B. 8　　C. 6　　D. 4

【试题解析】 根据二叉树的基本性质 3:在任意一棵二叉树中,度为 0 的叶子结点总是比度为 2 的结点多一个,所以本题中是 5+1=6 个。

【试题答案】 C

4. 下列排序方法中,最坏情况下比较次数最少的是(　　)。

A. 冒泡排序　　B. 简单选择排序

C. 直接插入排序　　D. 堆排序

【试题解析】 冒泡排序、简单插入排序与简单选择排序在最坏情况下均需要比较 $n(n-1)/2$ 次,而堆排序在最坏情况下需要比较的次数是 $n\log2n$。

【试题答案】 D

5. 软件按功能可以分为应用软件、系统软件和支撑软件(或工具软件)。下面属于应用软件的是(　　)。

A. 编译程序　　B. 操作系统

C. 教务管理系统　　D. 汇编程序

【试题解析】 编译软件、操作系统、汇编程序都属于系统软件,只有选项 C 教务管理系统才是应用软件。

【试题答案】 C

6. 下列叙述中错误的是(   )。

A. 软件测试的目的是发现错误并改正错误

B. 对被调试的程序进行“错误定位”是程序调试的必要步骤

C. 程序调试通常也称为 Debug

D. 软件测试应严格执行测试计划,排除测试的随意性

【试题解析】 软件测试的目的是为了在执行程序的过程中发现错误,并不涉及改正错误,所以选项 A 错误。程序调试通常称为 Debug,即排错,所以选项 C 正确。程序调试的基本步骤是：错误定位、修改设计和代码；通过程序调试排除错误,然后再进行回归测试,以防止引进新的错误,所以选项 B 正确。软件测试的基本准则有：①所有测试都应追溯到需求；②严格执行测试计划,排除测试的随意性；③充分注意测试中的群集现象；④程序员应避免检查自己的程序；⑤穷举测试不可能；⑥妥善保存测试计划等文件。所以选项 D 正确。

【试题答案】 A

7. 耦合性和内聚性是对模块独立性度量的两个标准。下列叙述中正确的是(   )。

A. 提高耦合性、降低内聚性有利于提高模块的独立性

B. 降低耦合性、提高内聚性有利于提高模块的独立性

C. 耦合性是指一个模块内部各个元素间彼此结合的紧密程度

D. 内聚性是指模块间互相连接的紧密程度

【试题解析】 模块独立性是指每个模块只完成系统要求的独立的子功能,并且与其他模块的联系最少且接口简单。一般较优秀的软件设计,应尽量做到高内聚、低耦合,即减弱模块之间的耦合性和提高模块内的内聚性,有利于提高模块的独立性,所以选项 A 错误,选项 B 正确。耦合性是模块间互相连接的紧密程度的度量,而内聚性是指一个模块内部各个元素间彼此结合的紧密程度,所以选项 C 与选项 D 错误。

【试题答案】 B

8. 数据库应用系统中的核心问题是(   )。

A. 数据库设计　　　　B. 数据库系统设计

C. 数据库维护　　　　D. 数据库管理员培训

【试题解析】 数据库应用系统中的核心问题是数据库的设计。

【试题答案】 A

9. 有两个关系 R、S,如图 3-5-1 所示,由关系 R 通过运算得到关系 S,则所使用的运算为(   )。

R

A	B	C
a	1	2
b	2	1
c	3	1

S

A	B	C
b	2	1

图 3-5-1　关系 R、S

A. 选择　　　　B. 投影　　　　C. 插入　　　　D. 联接

【试题解析】 选择运算是从一个关系中找出满足给定条件的记录的操作，是从行的角度进行的运算，选出满足条件的那些记录构成原关系的一个子集。投影运算是从一个关系中选出若干指定字段的值的操作，是从列的角度进行的运算，所得到的字段个数通常比原来关系中的少或排序顺序不同。连接关系是把两个关系中的记录按一定条件横向结合，生成一个新的关系。本题中 S 是在原有关系 R 中选择一条记录所组成的关系，所以选择选项 A。

【试题答案】 A

10. 将 E-R 图转换为关系模式时，实体和联系都可以表示为（　　）。

A. 属性　　　　B. 键　　　　C. 关系　　　　D. 域

【试题解析】 从 E-R 图到关系模式的转换是比较直接的，实体与联系都可以表示成关系，E-R 图中属性也可以转换成关系的属性。

【试题答案】 C

11. 在 Visual FoxPro 中，有如下程序，函数 IIF()返回值是（　　）。

```
*程序
PRIVATE X, Y
STORE "男" TO X
Y = LEN(X) + 2
? IIF( Y < 4, "男", "女")
RETURN
```

A. "女"　　　　B. "男"　　　　C. .T.　　　　D. .F.

【试题解析】 IIF 函数测试逻辑表达式的值，若为逻辑真，函数返回前表达式的值，否则返回后表达式的值；LEN 函数中一个中文字符占两个字符，所以 Y 的值为 4，Y<4 为假，IIF()的结果为"女"。

【试题答案】 A

12. 语句“LIST MEMORY LIKE a*”能够显示的变量不包括（　　）。

A. a　　　　B. a1　　　　C. ab2　　　　D. ba3

【试题解析】 显示内存变量的语句中，LIKE 短语只显示与通配符相匹配的内存变量。通配符包括“*”和“?”，“*”表示任意多个字符，“?”表示任意一个字符。“LIST MEMORY LIKE a*”表示只显示变量名以 a 开头的所有内存变量。

【试题答案】 D

13. 计算结果不是字符串"Teacher"的表达式是（　　）。

A. at("MyTeacher",3,7)　　　　B. substr("MyTeacher",3,7)

C. right("MyTeacher",7)　　　　D. left("Teacher",7)

【试题解析】 at(<字符表达式 1>,<字符表达式 2>,<数值表达式>)函数如果前字符串是后字符串的子串，返回前字符串首字符在后字符串中第几次出现的位置，表达式 at("MyTeacher",3,7)不正确；substr 函数从指定表达式值的指定位置取指定长度的子串作为函数值，substr("MyTeacher",3,7)的值为"Teacher"；left 从指定表达式值的左端取一个指定长度的子串作为函数值，left("Teacher",7)的值为"Teacher"；right 从指定表达式值的右端取一个指定长度的子串作为函数值,right("MyTeacher",7)的值为"Teacher"。

【试题答案】 A

14. 下列程序段执行时在屏幕上显示的结果是(　　)。

```
DIME a(6)
a(1) = 1
a(2) = 1
FOR i = 3 TO 6
a(i) = a(i-1) + a(i-2)
NEXT
?a(6)
```

A. 5　　B. 6　　C. 7　　D. 8

【试题解析】 FOR 循环中的语句 a(i)＝a(i－1)＋a(i－2)指定每个元素的值为它的前两项的和,这个元素必须只能从第 3 项开始指定。由于前两项分别是 1、1,所以数组 a 的 6 个元素分别是 1、1、2、3、5、8、元素 a(6)的值是 8。

【试题答案】 D

15. 下列函数的返回类型为数值型的是(　　)。

A. STR　　B. VAL　　C. CTOD　　D. DTOC

【试题解析】 STR 函数把数值转换成字符串,返回值是字符型; VAL 函数把字符串转换成数值,返回值是数值型; CTOD 函数把字符转换成日期,返回值是日期型; DTOC 函数把日期转换成字符,返回值是字符型。

【试题答案】 B

16. 下列程序段执行时在屏幕上显示的结果是(　　)。

```
x1 = 20
x2 = 30
SET UDFPARMS TO VALUE
DO test WITH x1,x2
?x1,x2
PROCEDURE test
PARAMETERS a,b
x = a
a = b
b = x
ENDPRO
```

A. 30　30　　B. 30　20　　C. 20　20　　D. 20　30

【试题解析】 根据过程 test 的代码可以分析出: test 的功能是将传递的两个参数互换。变量 $x1$、$x2$ 的初始值是 20、30,经过"DO test WITH x1,x2"的调用后,$x1$、$x2$ 的值互换,值分别是 30、20。

【试题答案】 B

17. 为当前表中所有学生的总分增加 10 分,正确的命令是(　　)。

A. CHANGE 总分 WITH 总分＋10

B. REPLACE 总分 WITH 总分＋10

C. CHANGE ALL 总分 WITH 总分＋10

D. REPLACE ALL 总分 WITH 总分＋10

【试题解析】 直接修改记录的值，可以使用 REPLACE 命令，其格式为：

```
REPLACE FieldName WITH eExpression[, FieldName2 WITH eExpression2] … ;
[FOR iExpression]
```

本题中选项 A、选项 C 不对。因要对所有学生的总分增加 10 分，所以要用 ALL 表示全部记录。

【试题答案】 D

18. 在数据库表上的字段有效性规则是(　　)。

A. 逻辑表达式　　　　B. 字符表达式

C. 数字表达式　　　　D. 汉字表达式

【试题解析】 建立字段有效性规则比较简单直接的方法是在表设计器中建立，在表设计器的"字段"选项卡中有一组定义字段有效性规则的项目，它们是"规则"(字段有效性规则)、"信息"(违背字段有效性规则时的提示信息)、"默认值"(字段的默认值)3 项。其中"规则"是逻辑表达式；"信息"是字符串表达式，"默认值"的类型则以字段的类型确定。

【试题答案】 A

19. 在 Visual FoxPro 中，扩展名为. mnx 的文件是(　　)。

A. 备注文件　　　　B. 项目文件

C. 表单文件　　　　D. 菜单文件

【试题解析】 菜单文件的扩展名是. mnx；备注文件的扩展名是. fpt；项目文件的扩展名是. pjx；表单文件的扩展名是. scx。

【试题答案】 D

20. 如果内存变量和字段变量均有变量名"姓名"，那么引用内存变量错误的方法是(　　)。

A. M. 姓名　　　　B. M－>姓名

C. 姓名　　　　D. M

【试题解析】 每一个变量都有一个名字，可以通过变量名访问变量。如果当前表中存在一个和内存变量同名的字段变量，则在访问内存变量时，必须在变量名前加上前缀 M.(或 M－>)，否则系统将访问同名的字段变量。

【试题答案】 C

21. MODIFY STRUCTURE 命令的功能是(　　)。

A. 修改记录值　　　　B. 修改表结构

C. 修改数据库结构　　　　D. 修改数据库或表结构

【试题解析】 在命令窗口输入并执行 MODIFY STRUCTURE 命令，则打开表设计器，对表结构进行修改；修改数据库的命令是 MODIFY DATABASE；修改记录值的命令是 REPLACE。

【试题答案】 B

22. 可以运行查询文件的命令是(　　)。

A. DO　　　　B. BROWSE

C. DO QUERY　　　　　　　　　　D. CREATE QUERY

【试题解析】 以命令方式执行查询的命令格式是：

```
DO QueryFile
```

QueryFile 是扩展名为.qpr 的查询文件。

【试题答案】 A

23. 参照完整性规则的更新规则中“级联”的含义是(　　)。

A. 更新父表中的连接字段值时，用新的连接字段值自动修改子表中的所有相关记录

B. 若子表中有与父表相关的记录，则禁止修改父表中的连接字段值

C. 父表中的连接字段值可以随意更新，不会影响子表中的记录

D. 父表中的连接字段值在任何情况下都不允许更新

【试题解析】 参照完整性规则的更新规则中“级联”的含义是更新父表中的连接字段值时，用新的连接字段值自动修改子表中的所有相关记录；“限制”的含义是若子表中有与父表相关的记录，则禁止修改父表中的连接字段值；“忽略”的含义是不作参照完整性检查，即可以随意更新父表中的连接字段值。

【试题答案】 A

24. CREATE DATABASE 命令用来建立(　　)。

A. 数据库　　　　　　　　　　B. 关系

C. 表　　　　　　　　　　　　D. 数据文件

【试题解析】 CREATE DATABASE 命令用来创建数据库。

【试题答案】 A

25. 欲执行程序 temp.prg，应该执行的命令是(　　)。

A. DO PRG temp.prg　　　　　　B. DO temp.prg

C. DO CMD temp.prg　　　　　　D. DO FORM temp.prg

【试题解析】 运行程序文件的命令方式是：

```
DO <文件名>
```

文件是扩展名为.prg 的程序文件。

【试题答案】 B

26. 在 Visual FoxPro 中，下列陈述正确的是(　　)。

A. 数据环境是对象，关系不是对象

B. 数据环境不是对象，关系是对象

C. 数据环境是对象，关系是数据环境中的对象

D. 数据环境和关系都不是对象

【试题解析】 客观世界里任何实体都可以被视为对象，对象可以是具体事物，也可以指某些概念。所以数据环境是一个对象，它有自己的属性、方法和事件。关系是数据环境中的对象，它也有自己的属性、方法和事件。

【试题答案】 C

27. 关于视图和查询的叙述正确的是(　　)。

A. 视图和查询都只能在数据库中建立　　B. 视图和查询都不能在数据库中建立

C. 视图只能在数据库中建立　　D. 查询只能在数据库中建立

【试题解析】 视图是数据库中的一个特有功能,视图只能在数据库中创建;而查询从指定的表或视图中提取满足条件的记录,可以不在数据库中创建。因此视图只能在数据库中建立,而查询可以不在数据库中建立。

【试题答案】 C

28. 以下不属于 SQL 数据操作命令的是(　　)。

A. MODIFY　　B. INSERT

C. UPDATE　　D. DELETE

【试题解析】 SQL 可以完成数据库操作要求的所有功能,包括数据查询、数据操作、数据定义和数据控制,是一种全能的数据库语言。其中,数据操作功能所对应的命令为 INSERT、UPDATE、DELETE。

【试题答案】 A

29. SQL 的 SELECT 语句中,"HAVING ＜条件表达式＞"用来筛选满足条件的(　　)。

A. 列　　B. 行　　C. 关系　　D. 分组

【试题解析】 在 SQL 的 SELECT 语句中 HAVING 短语要结合 GROUP BY 使用,用来进一步限定满足分组条件的元组,因此选项 D 正确。

【试题答案】 D

30. 设有关系 SC(SNO,CNO,GRADE),其中,SNO、CNO 分别表示学号和课程号(二者均为字符型),GRADE 表示成绩(数值型)。若要把学号为"S101",选修课程号为"C11",成绩为 98 分的同学记录插入到表 SC 中,正确的 SQL 语句是(　　)。

A. INSERT INTO SC(SNO,CNO,GRADE) VALUES('S101','C11','98')

B. INSERT INTO SC(SNO,CNO,GRADE) VALUES(S101,C11,98)

C. INSERT ('S101','C11','98') INTO SC

D. INSERT INTO SC VALUES('S101','C11',98)

【试题解析】 插入命令为:INSERT INTO ＜表名＞[(＜属性列 1＞,＜属性列 2＞,...)] VALUES (eExpression1[,eExpression2,...]),若插入的是完整的记录时,可以省略"＜属性列 1＞,＜属性列 2＞...;"另外,SNO、CNO 为字符型,故其属性值需要加引号,数值型数据不需要加引号。

【试题答案】 D

31. 以下有关 SELECT 短语的叙述错误的是(　　)。

A. SELECT 短语中可以使用别名

B. SELECT 短语中只能包含表中的列及其构成的表达式

C. SELECT 短语规定了结果集中列的顺序

D. 如果 FROM 短语引用的两个表有同名的列,则 SELECT 短语引用它们时必须使用表名前缀加以限定

【试题解析】 SELECT 短语中除了包含表中的列及其构成的表达式外,还可以包括常量等其他元素。在 SELECT 短语中可以使用别名,并规定了结果集中的列顺序,如果

FROM 短语中引用的两个表有同名的列，则 SELECT 短语引用它们时必须使用表名前缀加以限定。

【试题答案】 B

32. 与“SELECT * FROM 学生 INTO DBF A”等价的语句是( )。

A. SELECT * FROM 学生 INTO A

B. SELECT * FROM 学生 INTO TABLE A

C. SELECT * FROM 学生 TO TABLE A

D. SELECT * FROM 学生 TO DBF A

【试题解析】 在 SQL 查询语句的尾部添加“INTO DBF|TABLE <表名>”可以将查询的结果放入新生成的指定表中。“INTO TABLE A”等价于“INTO DBF A”，因此选项 B 正确。

【试题答案】 B

33. 查询在“北京”和“上海”出生的学生信息的 SQL 语句是( )。

A. SELECT * FROM 学生 WHERE 出生地='北京' AND '上海'

B. SELECT * FROM 学生 WHERE 出生地='北京' OR '上海'

C. SELECT * FROM 学生 WHERE 出生地='北京' AND 出生地='上海'

D. SELECT * FROM 学生 WHERE 出生地='北京' OR 出生地='上海'

【试题解析】 SQL 的核心是查询，它的基本形式由 SELECT…FROM…WHERE 查询块组成。其中，SELECT 说明要查询的字段；FROM 说明要查询的字段来自哪个表或哪些表，可以对单个表或多个表进行查询；WHERE 说明查询条件，即选择元组的条件。And 表示“且”；or 表示“或”。本题要求查询在“北京”和“上海”出生的学生信息，应设置条件为出生地= '北京' OR 出生地= '上海'，即选项 D 正确。

【试题答案】 D

34. 在 SQL 语句中，与表达式“年龄 BETWEEN 12 AND 46”功能相同的表达式是( )。

A. 年龄 >= 12 OR <= 46

B. 年龄 >= 12 AND <= 46

C. 年龄 >= 12 OR 年龄 <= 46

D. 年龄 >= 12 AND 年龄 <= 46

【试题解析】 BETWEEN…AND…表示“在……和……之间”，其中包含等于，即大于等于 AND 前面的数，小于等于 AND 后面的数。题干表达式的含义为在 12 和 46 之间的数字，而 and 表示“且”，or 表示“或”，只有选项 D 与此功能相同。

【试题答案】 D

35. 在 SELECT 语句中，以下有关 HAVING 短语的叙述正确的是( )。

A. HAVING 短语必须与 GROUP BY 短语同时使用

B. 使用 HAVING 短语的同时不能使用 WHERE 短语

C. HAVING 短语可以在任意一个位置出现

D. HAVING 短语与 WHERE 短语功能相同

【试题解析】 HAVING 子句总是跟在 GROUP BY 子句之后，而不可以单独使用，HAVING 子句和 WHERE 子句并不矛盾，在查询中是先用 WHERE 子句限定元组，然后进行分组，最后再用 HAVING 子句限定分组。因此选项 A 说法正确。

【试题答案】 A

36. 在 SQL 的 SELECT 查询的结果中,消除重复记录的方法是(　　)。

A. 通过指定主索引实现　　B. 通过指定唯一索引实现

C. 使用 DISTINCT 短语实现　　D. 使用 WHERE 短语实现

【试题解析】 SQL 的核心是查询。SQL 的查询命令也称做 SELECT 命令,它的基本形式由 SELECT…FROM…WHERE 查询块组成。其中,SELECT 说明要查询的字段,如果查询的字段需去掉重复值,则要用到 DISTINCT 短语;FROM 说明要查询的字段来自哪个表或哪些表,可以对单个表或多个表进行查询;WHERE 说明查询条件,即选择元组的条件。因此选项 C 正确。

【试题答案】 C

37. 在 Visual FoxPro 中,如果要将学生表 S(学号,姓名,性别,年龄)中"年龄"属性删除,正确的 SQL 命令是(　　)。

A. ALTER TABLE S DROP COLUMN 年龄

B. DELETE 年龄 FROM S

C. ALTER TABLE S DELETE COLUMN 年龄

D. ALTER TABLE S DELETE 年龄

【试题解析】 修改表结构可使用 ALTER TABLE 命令,删除表中的字段、索引及有效性规则、错误提示信息及默认值,其命令格式为:

```
ALTER TABLE <表名>
[DROP [COLUMN] <字段名>]
[DROP PRIMARY KEY TAG <索引名 1 >]
[DROP UNIQUE TAG <索引名 2 >]
[DROP CHECK]
```

其中,[DROP [COLUMN] ＜字段名＞]删除指定的字段;[DROP PRIMARY KEY TAG ＜索引名 1＞]删除主索引;[DROP UNIQUE TAG ＜索引名 2＞]删除候选索引;[DROP CHECK]删除有效性规则。本题要删除"年龄"属性,正确的命令应该是"DROP COLUMN 年龄"。

【试题答案】 A

38. 在菜单设计中,可以在定义菜单名称时为菜单项指定一个访问键。指定访问键为"x"的菜单项名称定义是(　　)。

A. 综合查询(\＞x)　　B. 综合查询(/＞x)

C. 综合查询(\＜x)　　D. 综合查询(/＜x)

【试题解析】 "菜单名称"列指定菜单项的名称,也称为标题,可为菜单设置访问键和分组线。设置访问键的方法为:在作为访问键的字符前加上"\＜"两个字符。本题"综合查询(\＜x)",那么字母 x 即为该菜单项的访问键。因此选项 C 正确。

【试题答案】 C

39. 下面关于列表框和组合框的叙述正确的是(　　)。

A. 列表框可以设置成多重选择,而组合框不能

B. 组合框可以设置成多重选择,而列表框不能

C. 列表框和组合框都可以设置成多重选择

D. 列表框和组合框都不能设置成多重选择

【试题解析】 组合框与列表框类似,也用于提供一组条目供用户从中选择。列表框属性对组合框同样适用(除 MultiSelect 外),并且具有相似的含义和用法。组合框和列表框的主要区别在于:

(1) 对于组合框来说,通常只有一个条目是可见的;而列表框可以看到多个条目,还可以拖动滚动条看到更多的条目。

(2) 组合框不提供多重选择的功能,没有 MultiSelect 属性;而列表框有多重选择的功能。

(3) 组合框有两种形式:下拉组合框和下拉列表框。通过设置 Style 属性来选择想要的形式:0 表示选择下拉组合框。用户可从列表中选择条目,又可以在编辑区内输入。2 表示选择下拉列表框。用户只能从列表中选择条目。

【试题答案】 A

40. 在一个空的表单中添加一个选项按钮组控件,该控件可能的默认名称是(　　)。

A. Optiongroup1　　　　B. Check1

C. Spinner1　　　　D. List1

【试题解析】 选项组(OptionGroup)又称为选项按钮组,是包含选项按钮的一种容器。新建一个选项组控件,默认名为 OptionGroup1,因此选项 A 正确。Check1 为复选框的默认名;Spinner1 为微调控件的默认名;List1 为列表框默认名。

【试题答案】 A

二、基本操作(18 分)

"考生"文件夹下包含的文件如图 3-5-2 所示。

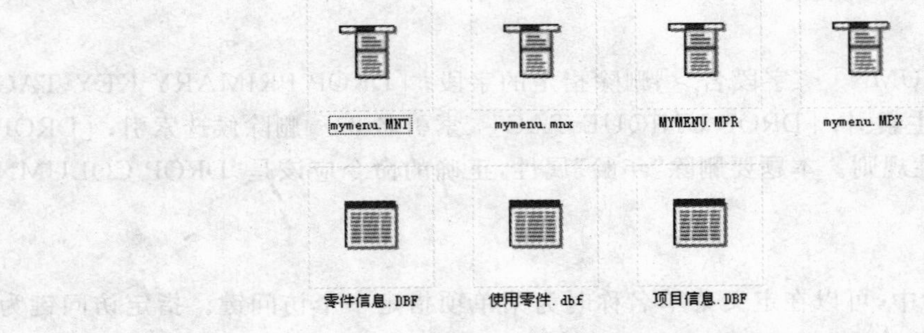

图 3-5-2 "考生"文件夹内容

"考生"文件夹下的"零件信息"表的内容如图 3-5-3 所示,"零件信息"表的结构如图 3-5-4 所示。

零件信息

零件号	零件名称	单价
p1	PN1	1200.00
p2	PN2	1300.00
p3	PN3	1400.00
p4	PN4	1100.00
p5	PN5	1800.00
p6	PN6	280.00

图 3-5-3 "零件信息"表的内容

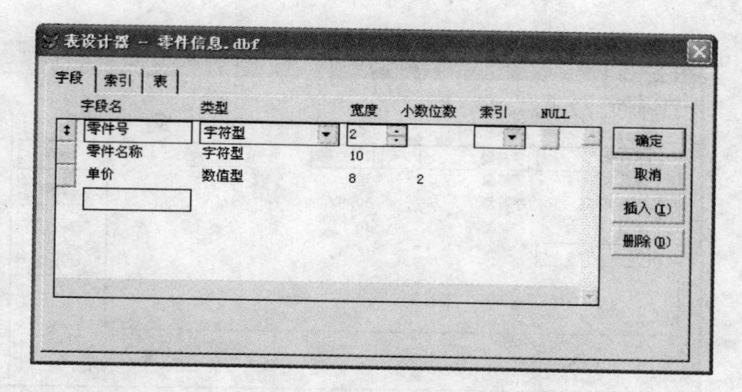

图 3-5-4 “零件信息”表的结构

“使用零件”表的内容如图 3-5-5 所示，“使用零件”表的结构如图 3-5-6 所示。

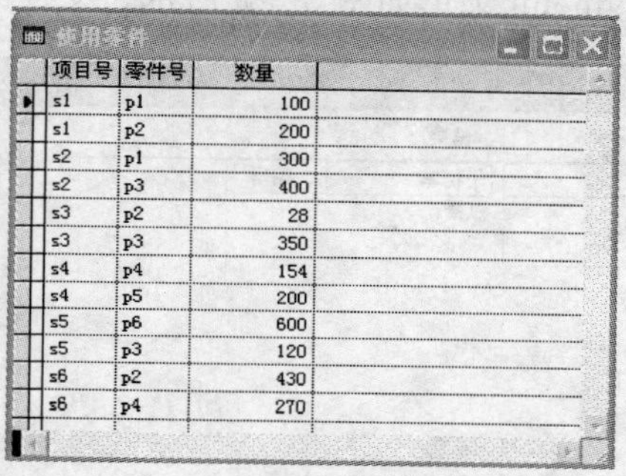

使用零件

项目号	零件号	数量
s1	p1	100
s1	p2	200
s2	p1	300
s2	p3	400
s3	p2	28
s3	p3	350
s4	p4	154
s4	p5	200
s5	p6	600
s5	p3	120
s6	p2	430
s6	p4	270

图 3-5-5 “使用零件”表的内容

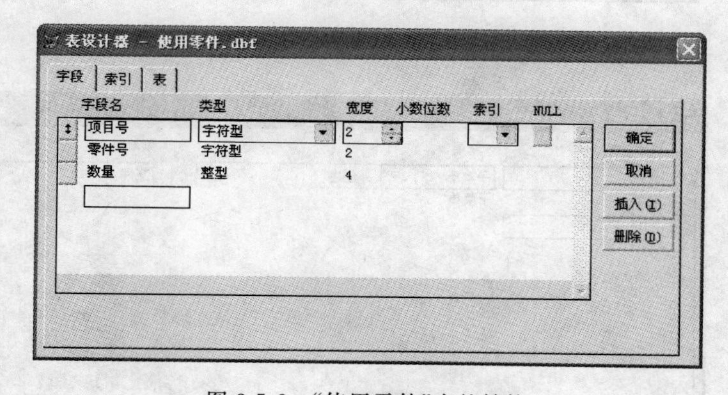

图 3-5-6 “使用零件”表的结构

“项目信息”表的内容如图 3-5-7 所示，“项目信息”表的结构如图 3-5-8 所示。

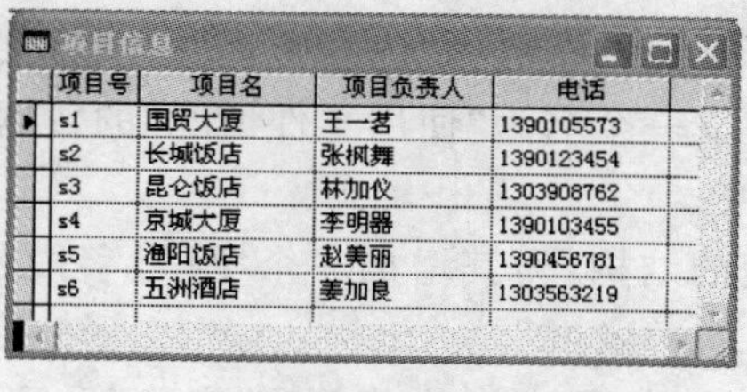

项目信息

项目号	项目名	项目负责人	电话
s1	国贸大厦	王一茗	1390105573
s2	长城饭店	张枫舞	1390123454
s3	昆仑饭店	林加仪	1303908762
s4	京城大厦	李明器	1390103455
s5	渔阳饭店	赵美丽	1390456781
s6	五洲酒店	姜加良	1303563219

图 3-5-7 “项目信息”表的内容

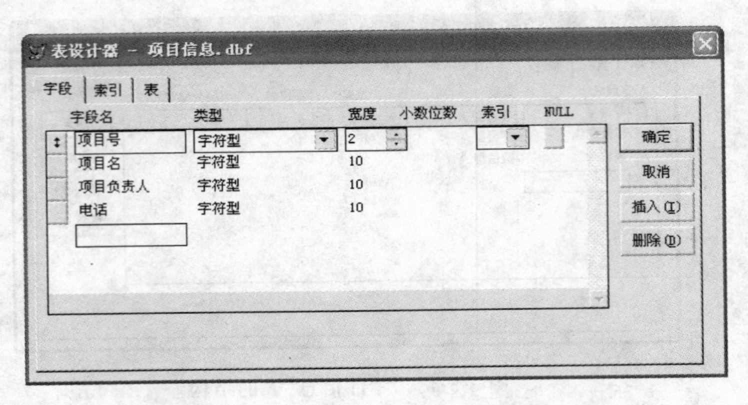

图 3-5-8 “项目信息”表的结构

“考生”文件夹下的 mymenu 菜单如图 3-5-9 所示,“文件”子菜单如图 3-5-10 所示。

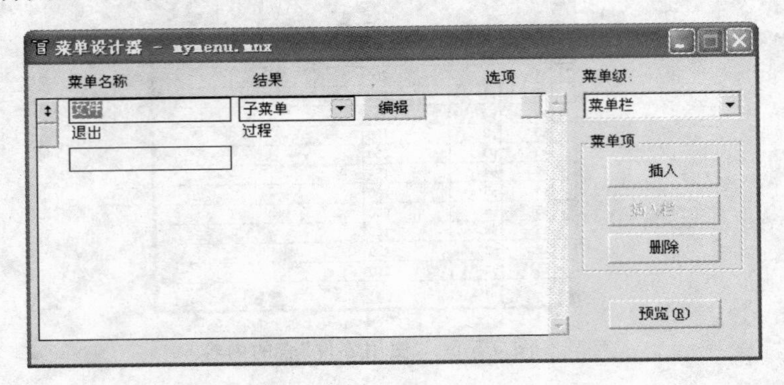

图 3-5-9 mymenu 菜单

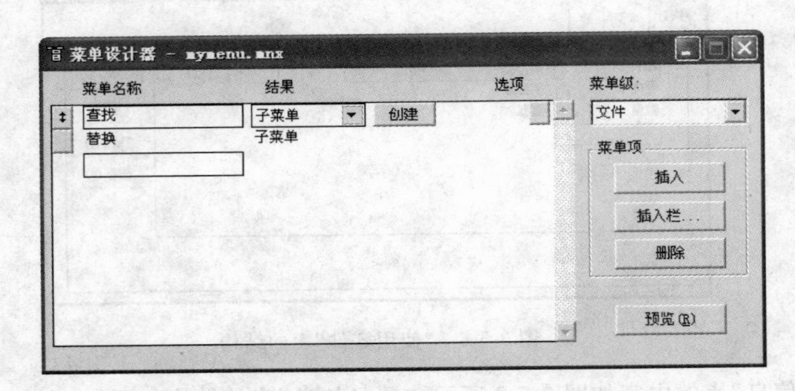

图 3-5-10 “文件”子菜单

1. 在“考生”文件夹下新建一个名为“库存管理”的项目文件。

2. 在新建的项目中建立一个名为“使用零件情况”的数据库,并将“考生”文件夹下的所有自由表添加到该数据库中。

3. 修改“零件信息”表的结构,为其增加一个字段,字段名为“规格”,类型为字符型,长度为 8。

4. 打开并修改 mymenu 菜单文件,为菜单项“查找”设置快捷键 Ctrl+T。

【试题答案】

第 1 题：

在命令窗口输入“create project 库存管理”，并按回车键可以新建一个项目。

第 2 题：

步骤 1：在项目管理器中选择“数据”节点下的“数据库”选项，单击“新建”按钮，在“新建数据库”对话框中单击“新建数据库”，再在“创建”对话框中输入数据库名“使用零件情况”，并单击“保存”按钮。

步骤 2：在数据库设计器空白处右击，在弹出的快捷菜单中选择“添加表”命令，在“打开”对话框中分别将“考生”文件夹下的表——“零件信息”、“使用零件”和“项目信息”添加到数据库中。

第 3 题：

在数据库设计器中右击“零件信息”表，在弹出的快捷菜单中选择“修改”命令，在表设计器的“字段”选项卡中，在“字段名”中输入“规格”，“类型”选择“字符型”，“宽度”为 8，单击“确定”按钮。

第 4 题：

步骤 1：单击工具栏中的“打开”按钮，在“打开”对话框中双击“考生”文件夹下的 mymenu. mnx 文件。

步骤 2：在弹出的菜单设计器中，单击“文件”行中的“编辑”按钮，再单击“查找”行中的“选项”按钮，在弹出的“提示选项”对话框中的“键标签”处按下 Ctrl＋T，最后单击“确定”按钮。

步骤 3：单击工具栏中的“保存”按钮，再单击主菜单栏中“菜单”下的“生成”命令，在“生成菜单”对话框中单击“生成”按钮。

三、简单应用(24 分)

在“考生”文件夹下完成如下简单应用。

1. 用 SQL 语句完成下列操作：查询项目的项目号、项目名和项目使用的零件号、零件名称，查询结果按项目号降序、零件号升序排序，并存放于表 item_temp 中，同时将使用的 SQL 语句存储于新建的文本文件 item. txt 中。

2. 根据“零件信息”、“使用零件”和“项目信息” 3 个表，利用视图设计器建立一个视图 view_item，该视图的属性列由项目号、项目名、零件名称、单价和数量组成，记录按项目号升序排序，筛选条件是：项目号为“s2”。

【试题答案】

第 1 题：

步骤 1：单击工具栏中的“新建”按钮，在“新建”对话框中选择“文件类型”选项组中的“查询”，并单击“新建文件”按钮。

步骤 2：在“添加表或视图”对话框中分别将“零件信息”、“使用零件”和“项目信息” 3 个表添加到查询设计器中，并根据连接条件建立连接。

步骤 3：在查询设计器的“字段”选项卡中，分别将“项目信息. 项目号”、“项目信息. 项目名”、“零件信息. 零件号”、“零件信息. 零件名称”添加到“选定字段”列表中。

步骤 4：在“排序依据”选项卡中，将“项目信息. 项目号”添加到“排序条件”列表中，并选择"降序"单选按钮；再将"零件信息.零件号"添加到"排序条件"列表中，并选择"升序"单选按钮。

步骤5：单击"查询"菜单下的"查询去向"命令，在"查询去向"对话框中选择"表"，并输入表名 item_temp，单击"确定"按钮。

步骤6：单击"查询"菜单下的"查看SQL"命令，并复制全部代码；再单击工具栏中的"新建"按钮，在"新建"对话框中选择"文件类型"选项组下的"文本文件"，单击"新建文件"按钮，将复制的代码粘贴到此处。

```
SELECT 项目信息.项目号,项目信息.项目名,零件信息.零件号,;
零件信息.零件名称 ;
  FROM 使用零件情况!零件信息 INNER JOIN 使用零件情况!使用零件 ;
    INNER JOIN 使用零件情况!项目信息 ;
      ON 使用零件.项目号 = 项目信息.项目号 ;
      ON 零件信息.零件号 = 使用零件.零件号 ;
        ORDER BY 项目信息.项目号 DESC, 零件信息.零件号 ;
          INTO TABLE item_temp.dbf
```

步骤7：单击工具栏中的"保存"按钮，在"另存为"对话框中输入"item"，单击"保存"按钮，再在命令窗口中输入"do item.txt"，按回车键运行查询。

第2题：

步骤1：单击工具栏中的"打开"按钮，在"打开"对话框中选择"考生"文件夹下的"使用零件情况"数据库，再单击"确定"按钮。

步骤2：在数据库设计器中，单击"数据库设计器"工具栏中的"新建本地视图"按钮，在"新建本地视图"对话框中单击"新建视图"按钮。

步骤3：在"添加表或视图"对话框中分别双击"零件信息"、"使用零件"和"项目信息"3个表，并单击"关闭"按钮。

步骤4：在视图设计器的"字段"选项卡中，分别将"项目信息.项目号"、"项目信息.项目名"、"零件信息.零件名称"、"零件信息.单价"和"使用零件.数量"添加到选定字段列表中。

步骤5：在"筛选"选项卡的"字段名"中选择"项目信息.项目号"，"条件"选择"="，"实例"输入"s2"；在"排序依据"选项卡中将"项目信息.项目号"字段添加到"排序条件"列表框，并选择"升序"单选按钮。

步骤6：单击工具栏中的"保存"按钮，在"保存"对话框中输入视图名称"view_item"，单击"确定"按钮。最后单击工具栏中的"运行"按钮。

四、综合应用(18分)

设计一个表单名和文件名均为 form_item 的表单，其中，所有控件的属性必须在表单设计器的属性窗口中设置。表单的标题设为"使用零件情况统计"。表单中有一个组合框(Combo1)、一个文本框(Text1)和两个命令按钮"统计"(Command1)和"退出"(Command2)。

运行表单时，组合框中有3个条目"s1"、"s2"和"s3"(只有3个，不能输入新的，RowSourceType 的属性为"数组"，Style 的属性为"下拉列表框")可供选择，单击"统计"按钮后，文本框显示出该项目所使用零件的金额合计(某种零件的金额=单价×数量)。

单击"退出"按钮关闭表单。

注意：完成表单设计后要运行表单的所有功能。

【试题答案】

步骤1：在命令窗口中输入“create form form_item”，按回车键，在表单设计器的“属性”对话框中设置表单的Caption属性为“使用零件情况统计”，Name属性为form_item。

步骤2：从“表单控件”工具栏向表单添加一个组合框、一个文本框和两个命令按钮，设置组合框的RowSourceType属性为“5-数组”、Style属性为“2-下拉列表框”、RowSource属性为A，设置命令按钮Command1的Caption属性为“统计”，设置命令按钮Command2的Caption属性为“退出”。

步骤3：双击表单空白处，在表单的Init事件中输入如下代码：

```
Public a(3)
A(1) = "s1"
A(2) = "s2"
A(3) = "s3"
```

步骤4：分别双击命令按钮“统计”和“退出”，为它们编写Click事件代码。其中，“统计”按钮的Click事件代码如下：

```
x = alltrim(thisform.combo1.value)
SELECT SUM(使用零件.数量 * 零件信息.单价) as je ;
  FROM 使用零件情况!使用零件 INNER JOIN 使用零件情况!零件信息 ;
    ON 使用零件.零件号 = 零件信息.零件号 ;
      WHERE 使用零件.项目号 = x into array b
      thisform.text1.value = alltrim(str(b[1]))
```

“退出”按钮的Click事件代码如下：

```
thisform.release
```

步骤5：单击工具栏中的“保存”按钮，再单击“运行”按钮运行表单，并依次选择下拉列表框中各项运行表单的所有功能。

质检5